# LE MASSIF DES GRANDES-ROUSSES

## (Dauphiné et Savoie)

PAR

P. TERMIER

## INTRODUCTION

« Le massif des Grandes-Rousses, dit Lory [1], consiste en une chaîne étroite « et très élevée, couverte de neiges perpétuelles, qui s'étend, dans une direction « à peu près Nord-Sud, des sources de Lolle, en Maurienne, à la gorge de la « Romanche. Elle est formée essentiellement de gneiss en couches fortement « redressées, plongeant vers l'Est. Des bandes étroites et des lambeaux de grès « à anthracite sont associés à ces gneiss, en partagent tous les bouleversements « et se retrouvent jusque dans les sommités les plus élevées de la chaîne. Ces « grès sont intercalés dans les terrains cristallisés des Rousses en couches sen- « siblement parallèles et concordantes avec celles de ces terrains. »

La beauté de la chaîne des Grandes-Rousses est proverbiale. Le voyageur qui va de Vizille au Bourg-d'Oisans à travers les sombres gorges de la Romanche ne peut retenir un cri d'admiration, quand, au hameau de Livet, à un brusque détour de la route, il voit tout-à-coup se dresser dans le ciel la blanche muraille de l'Etendard. Plus il avance, et plus la muraille s'allonge et monte. Aux Sables, où la vallée s'ouvre en se bifurquant et où commencent la vaste plaine du Bourg-d'Oisans et la combe élargie de l'Eau-d'Olle, le paysage est merveilleux. Au-dessus des champs et des vergers de la plaine, un premier gradin, formé par les calcaires et les marnes du Lias, disparaît presque entièrement sous le noir manteau des sapinières. Le deuxième gradin, beaucoup plus accentué, supporte un grand plateau de pâturages, dominé à son tour par des escarpements de roches taillées à pic, dont la belle teinte fauve a fait donner le nom de « Rousses » à toute la montagne. Puis les neiges apparaissent, couronnant le troisième gradin d'un long amoncellement de frimas. Enfin la muraille extrême s'élance, noirâtre ou rougeâtre, déchirée çà et là par des couloirs neigeux, et profilant

[1] Lory, *Description géolog. du Dauphiné*, p. 193.

dans les nues, à une hauteur qui semble prodigieuse, une arête en dents de scie d'une étonnante uniformité.

Vues de l'Est, des prairies du Lautaret, du plateau d'Emparis ou du glacier du Mont-de-Lans, les Grandes-Rousses ont un autre caractère. Les pentes sont moins roides, les rochers supérieurs moins abrupts : la barrière paraît moins infranchissable. De larges champs de glace, mollement étendus sur la croupe ondulée de la chaîne, semblent prolonger naturellement les pâturages de Clavans et de St-Sorlin-d'Arves. Ces glaciers remontent même en maint endroit jusqu'à l'arête, offrant aux alpinistes un chemin facile et tout tracé ; c'est ainsi que le sommet central de la chaîne, le pic Bayle, n'est plus, de ce côté, que le dôme terminal du glacier du Grand-Sablat. Le paysage est tout autre, et fait songer aux montagnes de la Maurienne ou de la Tarantaise, beaucoup plus qu'à celles de l'Oisans. Mais le charme n'est pas moindre : il réside dans la majesté des contours et dans la simplicité des lignes. L'œil n'est point arrêté par les premiers plans, d'une grandiose et triste monotonie : il monte de suite aux régions supérieures, où des rochers aux formes hardies, le Grand-Sauvage, le Mont-Savoyat, le Château Noir, interrompent harmonieusement la blancheur des coulées de glace.

C'est par extension que l'on donne encore le nom de Grandes-Rousses à l'arête émoussée qui prolonge, jusqu'au delà du col de la Croix-de-Fer, les hautes crêtes de l'Étendard. Pour les montagnards de l'Oisans, les Grandes-Rousses ne vont que de l'Herpie (point 2995 de l'État-Major) à l'Étendard ou sommet Nord (point 3473). Entre ces deux points, l'arête a une altitute moyenne d'au moins 3200 mètres, et elle ne présente ni échancrures profondes, ni sommets bien marqués : c'est une barre rocheuse, uniformément crénelée, longue de près de six kilomètres et d'une rectilignité presque absolue. Deux renflements de ce long dos d'âne arrivent sensiblement à la même altitude, le pic de l'Étendard ou sommet Nord, et le pic Bayle ou sommet Sud : ils portent tous deux sur la carte d'État-Major la cote 3473. Un troisième point, appelé Sommet 3 par l'État-Major et coté 3332, se reconnaît aisément de loin au dôme de glace qui le recouvre : on lui donne aujourd'hui de préférence le nom de pic du Lac Blanc.

L'Étendard ou sommet Nord des Grandes-Rousses est le point le plus septentrional de la barre. La face Nord de ce pic, entièrement glacée, descend rapidement jusqu'au col de la Cochette dont l'altitude ne dépasse guère la cote 3000. La face Ouest, toute rocheuse et fort escarpée, est déchirée d'un étroit couloir de neige qui descend jusqu'au glacier des Rousses. Cette écharpe blanche au milieu des rochers noirs fait songer à une mince banderole qui serait fixée à la cîme du pic, et qui traînerait, faute de vent, le long de la muraille. De là vient, sans doute, ce nom d'Étendard donné à la montagne.

Longtemps réputée inaccessible, la crête des Grandes-Rousses est aujourd'hui bien connue et assez fréquentée par les alpinistes [1]. Le sommet Nord, le sommet

[1] Voir à ce sujet l'excellent *Guide du Haut-Dauphiné*, par MM. Coolidge, Duhamel et Perrin.

Sud, le sommet 3 se laissent aisément gravir de l'un et de l'autre versant. Du pic Bayle (sommet Sud) à l'Étendard, l'arête a été suivie une fois déjà, par M. Coolidge ; on peut de même aller du pic Bayle à l'Herpie sans trop descendre sur le versant Est. Enfin, plusieurs passages relativement faciles, la brèche des Grandes-Rousses, entre l'Étendard et le pic Bayle, le col de la Pyramide, à peu de distance au Sud de ce dernier pic, d'autres encore, permettent de franchir la chaîne. Le refuge de la Fare sur le versant Ouest, le châlet de Sarenne et le châlet Aubert sur le versant Est, sont les meilleurs centres d'excursion pour tout le haut massif.

Au Nord de la profonde échancrure connue sous le nom de col de la Cochette, la crête remonte à l'altitude d'environ 3270 m. (cîme de la Cochette). Sur une longueur de quinze cents mètres, jusqu'à l'Aiguille Noire (3172), l'altitude varie peu. Ce petit massif de la Cochette présente, du côté de l'Eau-d'Olle, de formidables escarpements ; il est au contraire très accessible du glacier de Saint-Sorlin.

Au delà de l'Aiguille Noire, la ligne de faîte s'abaisse rapidement. Le pic coté 2988 est la dernière aiguille dont la pointe soit fière. Les points 2911 et 2566 (Croix de Pichoux) ne sont plus que des saillies de faible importance dans une arête désormais émoussée et graduellement envahie par les pâturages.

A l'Est de la dépression profonde où se sont créés les lacs (lac Tournant, lac Blanc, Grand-Lac) d'où sort le Nant de Bramant, une ligne de faîte secondaire, prolongement de la crête du Grand-Sauvage, s'élève peu à peu du Sud au Nord et domine bientôt la chaîne principale. Jusqu'au sommet 2690, cîme maîtresse de cette région chaotique, ce faîtage secondaire est formé par les gneiss. Plus au Nord, ce sont les roches éruptives du Houiller qui constituent la crête. On les voit, bien reconnaissables de loin à leur couleur verte, accumuler leurs strates massives dans la longue barre rocheuse cotée 2629, 2548, 2433, 2274. Le col de la Croix de Fer est une porte étroite ouverte dans l'amoncellement des nappes d'orthophyres. Immédiatement au Nord de ce col, le sommet 2273, encore formé de la roche éruptive, doit être considéré comme la cîme extrême des Grandes-Rousses. A moins de cinq cents mètres de ce sommet, les orthophyres houillers disparaissent définitivement sous les cargneules et les calcaires de la Pointe de l'Ouillon.

Au Sud de l'Herpie (2995 m.), la crête des Grandes-Rousses s'abaisse plus rapidement encore qu'au Nord de l'Aiguille Noire de la Cochette. Les micaschistes ocreux qui constituent cette crête sont profondément entaillés par les gorges de la Sarenne. Le sommet arrondi coté 2171 est, de ce côté, la dernière cîme bien marquée du faîtage principal.

Mais, si, vers le Nord, le massif cristallophyllien des Grandes-Rousses disparaît réellement sous les assises jurassiques du col du Glandon, la terminaison de ce massif, du côté du Sud, aux gorges de la Romanche, est moins radicale. Les plis des terrains anciens, dirigés Nord-Sud, peuvent se suivre bien au-delà de la Romanche, dans le massif du Pied-Montet, dans la chaîne du Clapier-du-Peyron, et plus loin encore, dans les arêtes rocheuses du Chapelet et du Lauvert. Le Pic Turbat du Valsenestre, le Grun de St-Maurice, la Pointe du Sud du Petit Chaillol, jalonnent au Sud le passage de la zone anticlinale des Rousses, séparée du grand massif du Pelvoux par un synclinal jurassique continu, celui qui prolonge, par Vénosc et le col de la Muzelle, les assises calcaires du lac Tournant, du Château-Noir et du Freney.

Dans l'étude qui va suivre, nous limiterons toutefois le massif des Grandes-Rousses aux gorges de la Romanche, réservant, pour la monographie générale du Pelvoux et des régions circonvoisines, le prolongement des Rousses au Sud de ces gorges. Du côté du Nord, nous pousserons jusqu'au col de la Croix-de-Fer. La vallée de l'Eau-d'Olle nous donnera une limite occidentale naturelle. Enfin, du côté de l'Est, nous nous arrêterons au vallon du Ferrand et à la chaîne liasique des Arènes.

Depuis longtemps connues des mineurs [1] pour leurs gisements d'anthracite et leurs nombreux filons métallifères, les Grandes-Rousses sont restées jusqu'en 1833 presque ignorées des géologues. Elie de Beaumont [2], qui a consacré à la description du massif du Pelvoux des pages demeurées justement célèbres, ne cite qu'en passant la chaîne des Rousses et sans la décrire.

Dans l'été de 1833, l'ingénieur des Ponts-et-Chaussées Dausse explora avec beaucoup de soin les deux versants du massif. Le compte-rendu de cette exploration parut l'année suivante [3]. C'est une description géologique fort remarquable pour l'époque. Le principal mérite de Dausse est d'avoir, le premier, signalé la grande extension du terrain anthracifère, et la présence constante en dessous du Lias des calcaires magnésiens blancs ou jaunes que nous rapportons aujourd'hui au Trias. Si les déductions de Dausse ne sont pas toujours acceptables, du moins ses observations sont-elles consciencieuses et sûres. Lory, qui lui rend un grand hommage, déclare que ce mémoire donne une très juste idée de la structure des Rousses, et que, depuis sa publication, il n'a été fait que peu d'observations sur le massif [4].

Dans sa *Statistique générale du Département de l'Isère*, Gueymard parle des Grandes-Rousses à diverses reprises, mais généralement d'après le mémoire de Dausse. On lui doit cependant quelques observations nouvelles, en particulier [5] la découverte d'un lambeau de terrain houiller près du col du Couard. Pour lui, comme pour Dausse, les calcaires dolomitiques et les cargneules du versant Nord-Ouest ne sont que des lambeaux du calcaire marno-schisteux, qui ceint la chaîne des Rousses, lambeaux altérés, lors des soulèvements, par les phénomènes ignés. Le gypse des gorges du Flumet, en amont de Vaujany, n'est lui-

[1] Héricart de Thury, *Journal des Mines*, t. 20 et 22, 1806-1807.
[2] Elie de Beaumont, *Faits pour servir à l'histoire des montagnes de l'Oisans*, Ann. des Mines, 3e série, t. V.
[3] Dausse, *Essai sur la forme et la constitution de la chaîne des Rousses en Oisans*, Mémoires de la Soc. Géolog. de France, t. II, 2e partie, 1834.
[4] Lory, *Description géolog. du Dauphiné*, p. 194.
[5] Gueymard, *Statistique générale du départ. de l'Isère*, 1844, p. 219.

même, aux yeux de Gueymard, qu'une modification particulière des calcaires par les phénomènes plutoniques.

Lory, qui vint ensuite, se proposa souvent d'étudier de près les Grandes-Rousses; il n'en eut jamais le loisir. L'esquisse qu'il nous a laissée de ce massif, dans sa *Description géologique du Dauphiné*, est, comme il le déclare lui-même, un résumé du travail de Dausse. De même que ses prédécesseurs, il attribue au Lias inférieur les calcaires magnésiens du plateau des Petites-Rousses; mais il a soin de dire que la nature spéciale et caractéristique de ces calcaires est une conséquence de leur mode même de dépôt, et qu'ils se sont déposés tels que nous les voyons aujourd'hui. Vers la fin de sa vie, comme il préparait, pour le Service de la Carte Géologique détaillée, la minute de la feuille de St-Jean-de-Maurienne, il enleva au Lias la plus grande partie des calcaires magnésiens et les attribua fort judicieusement au Trias.

La première coupe que Lory nous ait donnée des Rousses est intercalée dans son grand ouvrage sur le Dauphiné [1]. « Nous avons essayé, dit-il, de représen-
« ter dans cette coupe théorique des deux chaînes de Belledonne et des Rousses,
« la structure probable de ces montagnes dans un plan vertical passant par
« Domène et Clavans, c'est-à-dire à peu près perpendiculaire à la direction des
« couches. Cette coupe, pour le massif des Rousses, s'accorde du reste avec celle
« qui est donnée par M. Dausse, et nous paraît résulter naturellement des faits
« signalés dans son mémoire ».

Si on la considère comme un profil *théorique*, cette première coupe est excellente. Elle donne une idée très juste des Grandes-Rousses : un grand anticlinal *alpin*, débarrassé (sauf quelques petits lambeaux) de sa couverture de terrains secondaires : ce grand anticlinal étant lui-même un système de plis plus anciens (nous dirions aujourd'hui *hercyniens*), qui font apparaitre de longues bandes houillères au milieu des micaschistes. On voit que la disposition en gradins du versant Ouest a suggéré à Lory l'idée d'une faille affleurant au pied des Petites-Rousses. Il ne manque guère à son profil, pour être tout-à-fait exact, que l'attribution au Trias des lambeaux de calcaire magnésien des Petites-Rousses, et la séparation, au moins approximative, de la granulite et des gneiss.

En 1881, lors de la Réunion extraordinaire à Grenoble de la Société Géologique de France, Lory eut incidemment l'occasion de reparler des Rousses, dans une magistrale conférence sur les schistes cristallins des Alpes Occidentales. Il signala l'apparition, dans l'étroite gorge de Maupas (combe d'Olle), du granite massif et de la granulite en filons, et mit sous les yeux de la Société une nouvelle coupe du massif, allant d'Allemont à Clavans par le lac Blanc. Sur cette coupe [2], les roches éminemment granitiques du versant Ouest sont désignées comme gneiss granitoïdes ; des failles séparent du massif cristallophyllien les synclinaux liasiques de Clavans et de la Combe d'Olle ; l'anticlinal central est

[1] Lory, *Description géolog. du Dauphiné*, Pl. I, fig. 3, et texte, p. 197.
[2] *Bulletin Soc. géolog. de France*, 3e série. t. IX. p. 662.

représenté comme formé de schistes chloriteux. Dans une autre coupe passant par l'extrémité septentrionale du massif, vers St-Sorlin d'Arves, la grande faille de l'Ouest subsiste ; l'anticlinal central est formé de gneiss, micaschistes et schistes amphiboliques.

Ces retouches au profil publié en 1860, faites évidemment beaucoup plus sous l'empire d'idées préconçues que sous l'influence d'observations nouvelles, ne sont pas toutes heureuses. On y reconnaît en particulier cet abus des grandes failles longitudinales qui est le caractère dominant des dernières œuvres de Lory. Nulle part, peut-être, ces feuilles séparatives du Lias et des micaschites n'ont été moins vraisemblables que sur les flancs des Rousses. Il suffit de se reporter aux croquis de Dausse pour être convaincu qu'il n'y a pas la moindre cassure entre les gneiss et les calcaires magnésiens.

Les coupes de 1881 restèrent, pour Lory, absolument définitives. On les retrouve insérées, en 1887, dans une courte note *sur la structure géologique des massifs primitifs du Dauphiné* [1], note rédigée pour le *Guide du Haut-Dauphiné* de MM. Coolidge, Duhamel et Perrin. Elles reparaissent encore, en 1888, dans un mémoire, présenté au Congrès géologique international de Londres, *sur la constitution et la structure des massifs de schistes cristallins des Alpes Occidentales* [2]. En 1889, Lory livra à la gravure les contours géologiques de la feuille de St-Jean-de-Maurienne ; ces contours, qui n'ont pas été publiés, mais que l'on peut consulter aux archives du Service de la Carte géologique, sont, en somme, peu différents de ceux de Dausse. On peut y relever quelques erreurs que Dausse n'a point commises [3], et qui prouvent péremptoirement que, si Lory a cherché à se faire une idée d'ensemble de la structure du massif des Rousses, il n'a point eu le temps d'explorer, même sommairement, les parties hautes.

Nous avons été chargé par M. le Directeur du Service de la Carte géologique de faire, en 1892, l'étude détaillée de la chaîne des Rousses. Nos explorations [4] se sont prolongées pendant tout l'été de 1892. Voici, indépendamment du tracé des contours géologiques, quels en ont été les principaux résultats :

1° Le massif des Rousses est un faisceau de plis alpins sensiblement parallèles entre eux, ayant une direction d'ensemble comprise entre Nord-5°-Est et Nord-10°-Est, et surélevés par une ondulation transversale, à peu près orthogonale à cette direction. Les axes de tous ces plis, au lieu d'être horizontaux, affectent donc la forme de courbes tournant leur convexité vers le ciel et ayant toutes leur maximum dans la même région (à peu près au droit de l'Étendard).

[1] Grenoble, chez Breynat, 1887.
[2] Id. id. 1889.
[3] Par exemple l'attribution aux micaschistes des poudingues houillers qui forment tout le versant Est du Grand-Sauvage.
[4] Nos courses dans la région élevée ont été dirigées par les excellents guides Emile et Joseph Pic, de La Grave.

La crête principale de la chaîne correspond à un anticlinal. Des plis anciens, antérieurs au Trias et sensiblement parallèles aux plis alpins, ont isolé, au milieu des terrains cristallins, de longues bandes houillères alignées comme la chaîne. La mer a recouvert tout le massif pendant les époques du Trias et du Lias, et y a déposé des sédiments épais d'au moins 2000 mètres. Elle s'est retirée vraisemblablement vers la fin du Jurassique.

2º Les terrains antérieurs au Trias appartiennent aux micaschistes, à la granulite, aux schistes azoïques (Archéen?) et enfin au Houiller. Les vrais micaschistes ($\zeta^2$ de la Carte géologique détaillée) n'apparaissent qu'à l'Ouest de la chaîne, sous La Garde. et dans les Rochers Rissiou, sur Vaujany. Les schistes azoïques, contenant parfois des poudingues, forment toute la haute crête des Rousses. La granulite injecte ceux-ci comme ceux-là, et apparaît même en dykes ou amas extrêmement puissants sur le versant Ouest de la chaîne et dans le massif des Rochers Rissiou.

3º Le Houiller constitue, de part et d'autre de la crête des Rousses, deux longues bandes synclinales. Celle de l'Est se poursuit sans interruption du Freney à St-Sorlin-d'Arves, sur plus de vingt-trois kilomètres de longueur,avec une largeur moyenne de quinze cents mètres. Celle de l'Ouest, qui se prolonge au Sud jusqu'à Vénosc, finit en pointe au pied de l'Étendard. Sa largeur moyenne n'atteint pas cinq cents mètres. La même bande se rouvre à la mine de la Demoiselle près du col du Couard. D'autres synclinaux, tels que celui de Vaujany, ramènent au milieu des gneiss ou des schistes archéens, des lambeaux moins importants de la formation houillère.

4º Le synclinal houiller Freney-St-Sorlin est remarquable par l'abondance des roches éruptives intercalées dans les dépôts houillers. Ces roches sont des *orthophyres*. Aux nappes d'orthophyre franc s'associent des tufs et des conglomérats orthophyriques. Les volcans s'alignaient du Sud au Nord, parallèlement aux plis déjà esquissés de la chaîne hercynienne. Quelques-uns de ces volcans devaient être formidables, notamment celui qui a vomi les coulées éruptives des Granges de la Balme et du col de la Croix-de-Fer.

5º C'est au Trias, et vraisemblablement au Muschelkalk, qu'il convient de rapporter les dolomies, les cargneules et les gypses, signalés par les auteurs à la base du Lias. Ces dépôts sont nettement discordants sur les schistes azoïques, mais la discordance ne s'observe bien que là où le Trias est resté sensiblement hozizontal. En certains points, on observe sous les dolomies des poudingues intimement liés à elles, ailleurs des quartzites ; poudingues et quartzites représentent probablement le grès bigarré.

6º Les calcaires marno-schisteux et les schistes calcaires qui recouvrent le Trias dans les grands synclinaux bordiers de la chaîne doivent être, pour la majeure partie, rapportés au Lias Notre savant collègue et ami M. Kilian, à qui l'on doit de connaître enfin l'âge exact de ces formations monotones, a de plus constaté la présence du Bajocien dans les montagnes boisées qui dominent le village d'Oz.

7° Le dynamo-métamorphisme a été peu intense dans les dépôts secondaires, le plissement de ces dépôts ayant été relativement peu énergique. Les schistes houillers, au contraire, qui ont subi des plissements répétés, sont devenus souvent assez cristallins pour qu'il soit difficile de les distinguer des schistes archéens et des micaschistes.

Notre étude se divise naturellement en deux parties :

La première, plus spécialement pétrographique, consacrée à l'étude des divers terrains qui constituent l'ossature des Rousses ;

La deuxième, ayant trait à des monographies locales et à la tectonique de la chaîne.

---

## PREMIÈRE PARTIE

# DESCRIPTION DES TERRAINS
QUI
# CONSTITUENT LE MASSIF DES GRANDES-ROUSSES

Les terrains stratifiés qui affleurent dans le massif des Grandes-Rousses se rapportent à cinq étages bien distincts de la série sédimentaire :

L'étage des gneiss et micaschistes ($\zeta^2$ de la carte géologique détaillée);

L'étage des schistes micacés azoïques (Archéen ? X de la carte);

Le Houiller;

Le Trias;

Le Lias, auquel s'ajoute accessoirement un peu de Dogger.

Mais, outre ces terrains sédimentaires, on rencontre dans le massif des Grandes-Rousses, d'énormes affleurements de terrains éruptifs. Les uns appartiennent à la granulite qui est postérieure aux schistes micacés azoïques et antérieure au Houiller ; les autres, formés de coulées d'orthophyre et de tufs et conglomérats orthophyriques, s'intercalent nettement dans le Houiller.

Aux cinq chapitres consacrés à l'étude pétrographique s'ajouteront donc deux autres chapitres, relatifs à la granulite et aux orthophyres, ce qui portera à sept le nombre des subdivisions de cette première partie.

# CHAPITRE PREMIER

## GNEISS ET MICASCHISTES

Les gneiss et micaschistes du type *primitif* [1] n'apparaissent qu'à l'Ouest du massif des Rousses, dans une large voûte anticlinale séparant les schistes archéens des Rousses de ceux de Belledonne. La petite chaîne des Rochers Rissiou, entre Vaujany et le Rivier-d'Allemont, correspond au flanc oriental de cette voûte : l'axe même de l'anticlinal semble se projeter à peu près exactement sur le cours de l'Eau-d'Olle entre Articol et le Rivier-d'Allemont.

Les micaschistes francs, non modifiés par la granulite, sont assez rares. On ne les observe bien que dans une bande de faible largeur comprise entre la granulite des gorges de Maupas et les gneiss amphiboliques du Signal de Vaujany. Cette bande forme l'arête des Rochers Rissiou, depuis le confluent du Flumet et de l'Eau-d'Olle jusqu'au point 2627, sommet le plus élevé de cette arête. Elle traverse l'Eau-d'Olle au débouché oriental des gorges de Maupas et s'en va, dans le massif des Sept-Laux, constituer l'arête Nord-Sud qui court du col de l'Agnelin au Rocher-Blanc. Bien que cette zone micaschisteuse soit, dans son ensemble, fortement imprégnée de granulite, elle présente de nombreux types du micaschiste originel. On retrouve ces mêmes types sur la rive droite de l'Eau-d'Olle, sous le Rivier-d'Allemont, mais moins francs et moins développés.

Le micaschiste franc est habituellement dans la région qui nous occupe, un micaschiste mixte, renfermant, avec le quartz du mica noir, du mica blanc et de la chlorite. La phyllite prépondérante est presque toujours le mica blanc (séricite). Les trois phyllites sont associées pêle-mêle en très grandes plages à contours indécis. Le mica noir ne s'isole pas en prismes nets, comme il arrive si souvent dans les micaschistes du plateau central. Les minéraux accessoires les plus répandus sont le grenat, la tourmaline et parfois le zircon ; le rutile n'apparaît guère qu'en très fines aiguilles dans les micas ; l'ilménite et la magnétite sont peu abondantes.

A ces micaschites francs s'associent de beaux types de gneiss granulitique.

[1] Il doit être entendu un fois pour toutes que ce mot *Primitif* n'est employé par nous que pour fixer les idées et obéir à la convention généralement admise. Le terrain que nous appellerons primitif n'est pour nous qu'un terrain sédimentaire extrêmement ancien et très métamorphique.

Le sommet des Rochers Rissiou (point 2627)[1] est intéressant à étudier à ce point de vue. La roche est alors moins fissile et moins friable. Au microscope, elle montre un agrégat largement cristallisé d'orthose, d'oligoclase, de micas noir et blanc et de quartz granulitique. L'association des deux micas se fait généralement suivant une loi cristallographique précise, et non plus pêle-mêle. La chlorite devient rare et disparaît. Le mica noir est en plages étendues, d'un polychroïsme intense, avec auréoles bien marquées autour des zircons. Certaines veinules de la roche sont formées d'une véritable granulite à deux micas, et l'on observe tous les passages entre ces veinules de matière éruptive et le micaschiste originel[2]. Les gneiss ainsi formés sont presque toujours à grain fin : ils ont rarement l'aspect glanduleux (Augengneiss). Ils se débitent, parallèlement à la stratification, en tablettes épaisses, à surfaces sensiblement planes. Ces surfaces, qui correspondent aux délits micaschisteux, sont remarquablement miroitantes.

Par leurs caractères pétrographiques, les roches en question se rapprochent des micaschistes et gneiss supérieurs du Plateau Central (étage $\zeta^2$ de la carte géologique détaillée). Elles nous paraissent identiques aux roches qui forment, au nord du bassin houiller de Saint-Etienne, le substratum immédiat des assises houillères [3] (La Tour-en-Jarrez, la Fouillouse, Peymartin, Valfleury). Les poudingues houillers de la Fouillouse renferment, dans leurs galets, toutes les variétés que l'on peut étudier aux Rochers Rissiou. On retrouve ces mêmes types dans le synclinal de Sainte-Foy-l'Argentière [4], dans ceux de Saint-Julien-Molin-Molette, de Sarras [5], d'Arlanc [6] ; dans les bandes de la chaîne du Mont Blanc récemment rapportées au $\zeta^2$ par M. Michel-Lévy[7]. Nous avons eu tout dernièrement le plaisir d'observer, en compagnie de M. Golliez, des roches fort analogues, dans les Alpes valaisanes. Les escarpements d'où tombe la cascade de Pissevache, au nord de Vernayaz, semblent constitués par des gneiss granulitiques bien différents des nôtres [8] : les micaschistes grenatifères recoupés deux fois par la route du Simplon, entre Bérisal et l'hospice, sont à peu près identiques à ceux de l'arête des Rochers Rissiou.

**Gneiss amphiboliques.** — On sait que les amphibolites et les gneiss amphiboliques abondent dans l'étage $\zeta^2$. Tantôt (synclinal d'Arlanc, Mont-Pilat) les

[1] On retrouve les mêmes variétés de gneiss au sommet du Rocher-Blanc des Sept-Laux (2931 m.).

[2] *Collection de l'Ec. des Mines de St-Etienne*, plaques A. 296.

[3] Termier, *Etude sur le massif cristallin du Mont-Pilat*, Bull. des services de la Carte, 1, passim.

[4] Michel-Lévy, *feuille de Lyon*.

[5] Termier, *feuille de St-Etienne*.

[6] *Id.* *feuille de Monistrol*.

[7] Michel-Lévy, *Etude sur les roches cristallines des environs du Mont-Blanc, et Note sur la chaîne des Aiguilles Rouges*. Bull. des Services de la Carte, 9 et 27, passim.

[8] Peut-être un peu plus jeunes. M. Golliez incline à les rapporter au X inférieur.

amphibolites apparaissent sporadiquement, en lentilles disséminées à toute hauteur dans la formation ; tantôt (Simplon, Mont Blanc et Aiguilles Rouges, montagnes du Lyonnais, synclinal de Sarras) elles constituent de véritables niveaux dont on peut suivre les affleurements sur des longueurs de plusieurs kilomètres. La position de ces niveaux amphiboliques est d'ailleurs variable. Dans le Lyonnais et aux environs de Saint-Vallier, ils se rencontrent de préférence à la base de l'étage, sur les confins, nécessairement assez incertains, du $\zeta^1$ et du $\zeta^2$. Au Simplon, au Mont-Blanc, et dans la région qui nous occupe, ils forment au contraire la partie haute du $\zeta^2$, parfois même le substratum immédiat des schistes archéens.

Les gneiss amphiboliques sont remarquablement développés au Nord de Vaujany. Entre les micaschistes du point 2627 et le synclinal de Trias et de Lias, ils constituent une bande régulière, large de 500 à 1000 mètres, à laquelle appartient la crête noire et déchiquetée du Signal de Vaujany (2611 m.). Cette bande traverse l'Eau-d'Olle avec la direction N.N.E., et court vers les Rochers Billans et les cîmes de l'Argentière. Sur la rive droite de l'Eau-d'Olle, dans la retombée occidentale de la voûte, Lory a depuis longtemps signalé le retour des amphibolites aux environs du Pas de la Coche.

Entre Vaujany et Huez, les sédiments secondaires cachent complètement le passage de la bande primitive ; mais on la voit reparaître, au Sud d'Huez, dans les gorges de la Sarenne. Le promontoire qui porte la chapelle Saint-Ferréol est en partie formé de gneiss amphiboliques fortement granulitisés, prolongement évident des gneiss amphiboliques de Vaujany. La fréquence des couches à amphibole diminue [1] toutefois, au fur et à mesure que l'on marche vers le Sud. Entre le pont Saint-Guillerme et la Rivoire, dans les gorges de la Romanche, on traverse indubitablement toute la partie du $\zeta^2$ correspondante aux amphibolites : mais les bancs à amphibole sont clairsemés et peu puissants. Cette dégénérescence latérale des niveaux amphibolites est également très habituelle dans le massif du Pelvoux.

Les couches à amphibole de la côte d'Huez et des Rochers Rissiou sont de véritables gneiss granulitiques à amphibole, résultant de la feldspathisation intense, par apport éruptif, d'une amphibolite originelle riche en quartz et pauvre en feldspath.

La roche est dure, dépourvue de fissilité. Sur la tranche des couches on voit des zones amphiboliques de couleur sombre serpenter entre des zones blanches purement quartzeuses et feldspathiques. Les ondulations des zones, le plus souvent tranquilles et régulières, deviennent parfois capricieuses et désordonnées, avec de brusques replis en zig-zag, des rebroussements, des étirements et de véritables rejets. Des montées de granulite franche coupent çà et là la stratification ; des amas de la même roche s'extravasent, distendant tout autour d'eux

[1] C'est pour cela que sur notre carte nous n'avons pas cru devoir prolonger la teinte verte au sud d'Huez. Cette teinte ne s'applique qu'à la partie de la bande amphibolique où les couches à amphibole sont jointives et continues.

les nappes du gneiss ; et l'on voit, par contre, des lambeaux amphiboliques noyés et perdus au sein de la masse feldspathique, mais conservant encore, dans l'orientation de leurs bandes noires, la direction générale des assises. Des veinules irrégulières, remplies, par exsudation, de quartz et d'épidote, courent à travers l'ensemble. Tous ces aspects, si instructifs pour le pétrographe, peuvent s'étudier à loisir dans les éboulis du Signal de Vaujany (versant Sud), ou dans ceux qui remplissent la vallée de l'Eau-d'Olle au passage de la bande amphibolique.

Les névés supérieurs de la Combe de Madame, par où l'on descend du Rocher Blanc sur le Curtillard, sont également encombrés de beaux blocs de gneiss amphibolique, où les phénomènes d'injection granulitique sont, pour ainsi dire, palpables.

Si l'on examine de plus près les zones à amphibole, on s'aperçoit que leur grain est très variable. Tantôt une amphibole en courtes lamelles est régulièrement disséminée dans un magma quartzo-feldspathique ; tantôt de grands cristaux (jusqu'à 2 et 3 centimètres) du silicate magnésien, irrégulièrement groupés, ou même isolés les uns des autres, nagent au milieu des plages blanches. Entre les deux textures, on observe tous les passages, et ces manières d'être si différentes se rencontrent fréquemment dans la même zone.

L'examen microscopique est fort intéressant. La roche blanche est formée de très grandes plages de feldspaths, presque toujours fortement kaolinisées. Ces plages, très enchevêtrées, laissent entre elles des interstices remplis par du quartz granulitique peu abondant. Outre le kaolin, on observe sur les feldspaths un développement parasitaire d'épidote, en petites aiguilles jaunâtres. L'oligoclase semble dominer, mais l'orthose et l'anorthose sont aussi très répandus.

Les plages feldspathiques moulent les minéraux suivants :

1° *Apatite*, assez abondante, en cristaux isolés ou en groupements bacillaires. Cette apatite est limpide et pure. Les cristaux sont souvent peu nets, et comme arrondis sur les bords.

2° *Zircon*, peu répandu, mais parfois relativement volumineux.

3° *Sphène* très abondant et en cristaux assez gros, aplatis parallèlement à $o^2$, généralement inclus dans l'amphibole. Il est rarement macroscopique.

4° Minéraux ferrugineux, *pyrite*, *ilménite*, *oligiste*, répartis d'une façon très irrégulière.

5° *Chlorite*, épigénisant sans doute l'amphibole, parfois radiée. Cette chlorite, très peu biréfringente, disperse énergiquement, et prend entre les nicols croisés de belles teintes bleues.

6° *Hornblende*, en grandes plages tantôt groupées, en paquets plutôt qu'en lits, tantôt isolées, sans aucun ordre. Cette hornblende présente un polychroïsme très intense qui fait passer sa couleur du jaune verdâtre au bleu pâle. Dans certains échantillons, la variation de teinte est comparable à celle du chloritoïde. L'allongement est positif. Dans la zone $h^1g^1$, l'extinction rapportée à l'arête *mm* dépasse fréquemment 20°. Les plages de hornblende sont parfois criblées de petits quartz secondaires, analogues aux quartz de corrosion des feldspaths [1].

La hornblende des Rochers Rissiou est analogue à celle des amphibolites [2] des Aiguilles Rouges, mais beaucoup plus bleue en lames minces.

L'*épidote* épigénise fréquemment l'amphibole. Elle forme aussi avec du quartz, des veinules secondaires au travers de la roche.

La description qui précède s'applique aux gneiss amphiboliques de la côte d'Huez, tout aussi bien qu'à ceux des Rochers Rissiou. Les mêmes roches, caractérisées par la hornblende bleuâtre, se retrouvent dans le massif du Pelvoux (Roche-Mantel, col du Says, versant Sud du Mont-Pelvoux). On remarquera l'absence du grenat et du diopside, si répandus dans les amphibolites du Mont-Blanc, des Aiguilles-Rouges, du Plateau Central. On remarquera aussi l'intensité de la feldspathisation. Il est rare de voir une pareille granulitisation des amphibolites : le Plateau Central n'en offre guère qu'un exemple, celui des gneiss de l'Allier, récemment décrits par M. Boule [3].

Au-dessus des gneiss amphiboliques, les strates cristallines du col du Sabot et des gorges de la Sarenne prennent très vite le caractère de schistes archéens injectés. Les phyllades satinés d'Huez et de Rosai, de même que ceux de la Grande-Maison, ne sauraient être rapportés aux micaschistes. L'étage à amphibole semble donc correspondre assez exactement à la partie supérieure du $\zeta^2$, ou du moins à la partie du $\zeta^2$ qui a servi de substratum aux sédiments argileux de l'Archéen.

Entre les micaschistes plus ou moins granulitiques qui forment, à l'Ouest de la zone amphibolique, la longue bande dont nous avons parlé ci-dessus, et l'axe même de l'anticlinal, les strates primitives sont en grande partie remplacées par une masse énorme de granulite franche. C'est *le granite des Sept-Laux*, de Lory. Le défilé de Maupas est une cluse étroite, ouverte par l'Eau-d'Olle au travers de cet amas extravasé qui ne mesure pas moins de 2 kilomètres d'épaisseur en cet endroit. Nous reviendrons plus loin sur les caractères de la granulite de Maupas. Disons seulement ici qu'au mur de l'amas, c'est-à-dire à l'Ouest, la démarcation entre la roche éruptive et le micaschiste est beaucoup moins nette qu'au toit. Dès que l'on a dépassé, en marchant vers l'Ouest, le torrent des Sept-Lacs, on entre dans des variétés de granulite impure et schisteuse comme il s'en rencontre tant dans le massif du Pelvoux. Cette zone de passage a 500 mètres au moins d'épaisseur. Puis viennent des gneiss très fortement granulitiques que l'on peut suivre, dans le fond de la gorge, jusqu'à la Condamine. Ce n'est guère que sous le Rivier-d'Allemont que l'on voit reparaître des bancs de micaschistes.

Entre le Rivier et Vaujany, les strates du Primitif ont une allure régulière.

[1] *Collection de l'École des Mines de Saint-Étienne*, plaques A. 27, 281, 304, 313, 346.

[2] Michel-Lévy, *Étude sur les roches cristallines des environs du Mont-Blanc*, p. 7 et 8.

[3] Boule, *Les gneiss amphiboliques et les serpentines de la haute vallée de l'Allier*, Bull. Soc. Géolog. de France, 3e série, t. XIX, 1891.

Verticales au Rivier, elles prennent peu à peu une inclinaison vers l'Est. Au point 2627, le plongement vers l'E.S.E. est d'environ 70° ; et, du haut de ce belvédère, on voit de loin, par delà l'Eau-d'Olle, les couches se poursuivre vers le Nord jusqu'au Rocher-Blanc avec le même pendage. Dans la bande amphibolique des Rochers Rissiou, l'inclinaison, visible seulement en grand, est en moyenne de 80°. Au col du Sabot, de même qu'à la Grande-Maison, les couches sont redevenues verticales. L'épaisseur de la partie connue de l'étage $\zeta^2$, abstraction faite de la granulite, peut ainsi être évaluée à 3000 mètres On retrouve sensiblement la même épaisseur en traversant la retombée occidentale de la voûte entre le Rivier et l'arête de Belladone. C'est approximativement la puissance du $\zeta^2$ du Mont-Pilat, comptée depuis le substratum immédiat du terrain houiller jusqu'aux bancs les plus inférieurs de la zone quartziteuse [1].

Ce bel anticlinal de terrain primitif n'a point échappé à Lory. Sur sa minute de la feuille de Saint-Jean-de-Maurienne, l'éminent géologue a rapporté aux gneiss et marqué de la lettre $\zeta^1$ ce que nous appelons aujourd'hui $\zeta^2$. Quant aux schistes archéens, auxquels nous attribuons la lettre X, Lory les appelait $\zeta^2$X. Les gneiss amphiboliques, qu'il appelait *schistes amphiboliques*, formaient à ses yeux un niveau intermédiaire entre les gneiss et les schistes chloriteux. La granulite de Maupas, qu'il n'a point distinguée sur sa carte, mais qu'il désigne, dans ses coupes, tantôt comme granite, tantôt comme gneiss granitoïde, représentait pour lui le noyau même de l'anticlinal, l'affleurement du substratum massif que l'on doit partout s'attendre à rencontrer sous les plus vieux gneiss [2]. On a vu, dans les pages qui précèdent, que cette granulite n'est pour nous qu'un amas de roche éruptive extravasé au sein de la formation crystallophyllienne, et que les gneiss qui l'enclavent, loin d'être les plus vieux d'entre les gneiss, doivent au contraire être tenus pour relativement jeunes, si on les compare à leurs congénères du Plateau Central.

[1] Termier, *Étude sur le massif cristallin du Mont-Pilat*, p. 9. Nous donnons ces épaisseurs à titre d'indications, et sans prétendre en tirer aucune conclusion théorique.

[2] Lory, *Bull. Soc. géolog. de France*, 3e série, t. IX, p. 662 et 663.

# CHAPITRE II

## SCHISTES MICACÉS (ARCHÉEN)

---

Nous rattachons à l'Archéen un puissant complexe de schistes micacés et chloriteux, d'origine indubitablement détritique, qui forment l'ossature principale de la chaîne des Rousses. Ces mêmes schistes constituent aussi une grande partie du massif du Pelvoux. On les retrouve dans la chaîne de Belladone, dans le massif des Sept-Laux, dans la bande cristallophyllienne d'Albertville.

Ils sont très analogues, sinon complètement identiques, aux schistes micacés et aux cornes de Pormenaz et de la Flégère, récemment décrits par M. Michel-Lévy [1]. Ils diffèrent peu des cornes de Vienne, et de tout cet ensemble de vieux schistes métamorphiques, fréquemment granitisés, que M. Michel-Lévy a signalés le premier, en de nombreux points du Plateau Central, et auxquels le Service de la Carte géologique détaillée a attribué la lettre X. Ce même terrain, çà et là interrompu par des anticlinaux du Primitif, semble jouer un grand rôle dans la constitution de la zone cristalline du Mont-Blanc: M. Golliez nous l'a récemment montré aux gorges du Trient, à Miéville, sous la Dent de Morcles; nul doute qu'on ne le retrouve plus loin vers le Nord-Est sous la haute chaîne calcaire. La zone cristalline du Mont-Rose présente au contraire des faciès tout autres; et la dissemblance pétrographique est grande entre l'X des Grandes-Rousses, du Pelvoux et du Mont-Blanc, et les schistes micacés avec *pietre verde* des Alpes Pennines, de la haute Maurienne et des vallées piémontaises.

Il est bien entendu que le mot *Archéen* n'est employé ici, comme la lettre X, que pour fixer les idées. Nul ne sait encore l'âge de ce vieux terrain, dont les strates se sont jusqu'ici montrées azoïques. Nous ne connaissons de lui qu'une chose, c'est qu'il est antérieur à la grande venue des granulites dans la région. Il est certainement beaucoup plus ancien que le Houiller, car les poudingues houillers sont faits en grande partie de galets de X, ou de X granutilisé, ou de granulite. Il était plissé avant le dépôt du Houiller, et probablement longtemps avant : si les exemples sont rares dans les Alpes d'une discordance nette entre le Houiller et l'X, les preuves de la transgressivité du premier sur le second sont par contre extrêmement nombreuses

[1] Michel-Lévy, *Note sur la prolongation vers le Sud de la chaîne des Aiguilles-Rouges*, p. 31.

L'Archéen des Grandes-Rousses est très fréquemment injecté par la granulite, surtout sur le versant Ouest de la chaîne. Il est alors transformé en gneiss d'aspect variable. presque toujours chloriteux, parfois porphyroïdes, le plus souvent granitoïdes. Ces gneiss offrent tous les passages entre le schiste et la roche éruptive impure. Au milieu même des gneiss granulitiques, et en liaison intime avec eux, on observe çà et là des bancs de *véritables poudingues* [1], *traversés, eux aussi, par des veinules granulitiques.* Ces poudingues renferment des galets de quartz, de micaschistes et de gneiss, et quelques galets de granulite.

Quand il n'est pas imprégné de granulite, l'Archéen des Rousses est habituellement un schiste quartzeux fin, avec zones phylliteuses luisantes et satinées. Ces zones phylliteuses contiennent fréquemment un peu de matières charbonneuses, graphite impur ou anthracite (jusqu'à 2,5 %) [2] ; souvent aussi elles sont riches en oligiste, au point de donner aux schistes une couleur ocracée (crête de l'Herpie). Les beaux types de schistes satinés, peu métamorphiques, s'observent sur le versant Nord du col du Sabot, au Sud et à peu de distance des lacs de Neyzat (col du Couard), sur la rive gauche du Lac Blanc, tout le long de la crête de l'Herpie jusqu'à la gorge de la Sarenne, et enfin entre Rosai et Huez. C'est dans ces schistes satinés, dont l'origine détritique est parfois visible à l'œil nu, que l'on doit espérer trouver un jour des débris organiques.

La distinction entre les phyllades houillers et les schistes satinés de l'Archéen est parfois très difficile, ceux-ci n'étant pas beaucoup plus métamorphiques que ceux-là, quand ils ne sont pas imprégnés de granulite. La démarcation entre les deux terrains est très incertaine sur le versant Ouest de la chaîne (glacier des Rousses, synclinal houiller de la Demoiselle) et dans le cirque des Granges-Veyrat, au Sud-Est de l'Herpie. Sur le versant Est (synclinal houiller du Freney ou de Saint-Sorlin, la séparation est généralement facile, l'Archéen étant presque toujours à l'état de gneiss granulitique.

Il ne nous a pas paru possible d'établir des niveaux dans la formation archéenne. Sur la même bande longitudinale d'affleurements, on voit en effet se succéder des faciès presque aussi variés que ceux que l'on rencontre en traversant la chaîne. L'imprégnation granulitique, qui s'est étendue à tous les niveaux, et qui a agi, sur chaque niveau, d'une façon très irrégulière, ne permet pas de retrouver les différences pétrographiques qui devaient originellement exister entre les divers étages.

[1] Les poudingues se voient bien à l'œil nu, au petit col glacé par où l'on passe du glacier des Malatres au glacier des Quirlies : Ce petit col est assez bien marqué sur la carte d'Etat-Major, à 500 m. environ au Sud de l'*u* du mot *Quirlies*. On peut encore en voir sur le bord Est d'un lac glacé, non marqué sur la Carte, situé à un kilomètre environ au Sud du lac de la Fare. L'étude micrographique en signale un grand nombre d'autres. Les poudingues enclavés dans l'X granulitique ne sont d'ailleurs point spéciaux aux Rousses. Nous les connaissons, près du col du Lautaret, sur le versant Nord du massif de Combeynot. M. Golliez nous a montré dans l'Archéen de Dorénaz, près Vernazay (Valais), un poudingue dont les gallets atteignent la grosseur de la tête.

[2] Dosage du carbone dans un schiste graphitique du Rocher de l'Aigle à l'Ouest de la Pointe de Muretouse (vallée de la Romanche) : Carbone... 2,66 %. Ce schiste est intercalé dans des gneiss granulitiques.

Il semble pourtant (comme on pouvait le prévoir) que la zone centrale de la chaîne, entre les deux grands synclinaux houillers, soit formée des couches les plus anciennes. C'est là que l'on trouve, en faisant autant que l'on peut abstraction de l'influence granulitique, les schistes les plus métamorphiques. Beaucoup d'échantillons provenant du glacier de Sarenne, du pic du Lac Blanc, de la crête comprise entre ce pic et le pic Bayle (sommet Sud), de la longue crête qui prolonge au Nord, jusqu'à Arelaret, le massif de la Cochette, sont de véritables micaschistes à mica blanc ou à chlorite, identiques à certaines roches de la partie haute du Primitif. La moraine du glacier du Grand-Sablat nous a montré quelques fragments d'une amphibolite schisteuse, fortement granulitisée ; mais ces fragments sont très rares, et nous n'avons pu retrouver la roche en place.

Sauf cette exception et deux autres que nous signalerons plus loin, l'une à l'Alpe d'Huez, l'autre dans les escarpements qui dominent le village d'Oz, les schistes archéens des Grandes-Rousses ne contiennent pas d'amphibole. Nous n'avons observé qu'en un seul point du massif les schistes à amphibole microscopique, véritables *cornes vertes*, que notre éminent collègue, M. Offret, a rencontrés dans l'Archéen de la chaîne de Belledonne. On peut ajouter que l'X des Grandes-Rousses et du Pelvoux est très pauvre en minéraux accessoires. Le grenat y est rare. La tourmaline n'y est presque jamais microscopique. Le zircon, le sphène, le rutile sont toujours d'une extrême petitesse. Seule l'apatite est assez abondante, tantôt en prismes nets, tantôt en plages irrégulières caractérisées par leur uniaxie, leur relief sensible et leur grande limpidité.

Après ces considérations générales, nous donnerons ici la description pétrographique détaillée d'un certain nombre de types archéens, choisis parmi les plus fréquents et les plus caractéristiques. Nous distinguerons naturellement les vrais schistes, qui ont échappé à l'action de la granulite, des gneiss qui sont dûs à la transformation des premiers par la roche éruptive.

## Schistes archéens non granulitiques.

A. 305 [1]. — *Corne noire, sous le village d'Huez.*

A l'œil nu :

Roche dure d'un noir bleuâtre, très peu phylliteuse ; pas de clivage net. Sur la tranche, alternance de bandes noires et de bandes claires, les unes et les autres à peu près aphanitiques.

Au microscope :

Schiste très fin, un peu calcaire, avec produits ferrugineux noirs en bandes parallèles. Un peu d'apatite. Zones de quartz grenu fin. Zones argileuses, avec

[1] La lettre A et les numéros renvoient à la collection micrographique de l'Ecole des Mines de Saint-Etienne.

développement de séricite courte, et feldspaths assez nombreux et assez grands (orthose), allongés, pour la plupart, parallèlement à la schistosité. Ces feldspaths sont contournés par les produits noirs. Ils semblent développés *in situ*.

Roche très spéciale. Le métamorphisme a produit la feldspathisation, au lieu de donner naissance à une plus grande quantité de séricite.

A. 324. — *Schiste satiné, chemin d'Huez à Rosai.*

A l'œil nu :

Schiste dur, à clivage miroitant, un peu plissoté, gris ou vert. Aspect corné sur la tranche. Quelques amandes de quartz. Contient quelques feuillets interstratifiés de vrai micaschiste à mica noir et chlorite.

Au microscope :

Schiste micacé typique. Ciment de mica noir et chlorite en plages courtes et confusément enchevêtrées, englobant du quartz fin et quelques rares cristaux de plagliocase. Traînées de produits noirs parallèles à la stratification. Bandes purement quartzeuses.

Roche à peu près identique à certains schistes précambriens de Saint-Léon (Allier) et au schiste micacé du col du Montet (Aiguilles Rouges) [1].

A. 326. — *Schiste satiné, sur Rosai*

A l'œil nu :

Schiste fissile à clivage, plan fourmillant de très petits points brillants. Tranche noirâtre finement zonée.

Au microscope :

Schiste quartzeux fin, très chargé de produits ferrugineux (pyrite, magnétite, ilménite). Ciment chloriteux sans mica noir. Analogue au type précédent.

Dans certains bancs du même gisement (A. 332), on retrouve le type A. 324. Le mica noir est parfois presque entièrement chloritisé.

A. 334. — *Schiste amphibolique, Alpe d'Huez.*

A l'œil nu :

Schiste quartziteux ; zones grises translucides ; zones vert foncé avec fines aiguilles de hornblende verte peu discernable. Entre les zones, joints sériciteux.

Au microscope (zones vertes) :

Schistes quartzeux fin à ciment chloriteux confus, avec de nombreux cristaux allongés et nombreuses aiguilles d'une hornblende pâle, un peu bleuâtre. Ni grenats, ni sphènes, ni rutiles, ni produits ferrugineux. Très peu de séricite. Roche remarquable, à rapprocher des cornes vertes du Plateau Central.

[1] Michel-Lévy, *Roches cristallines du Mont-Blanc*, p. 9.

A. 335. — *Schiste satiné vert, sur Rosai.*

A l'œil nu :

Schiste satiné d'un vert bleuâtre intense. Sur la tranche, zones aphanitiques noires, zones vertes avec lamelles brillantes de phyllite développées en travers.

Au microscope :

Zones quartzeuses avec ciment chloriteux. Zones chloriteuses formées de chlorite massive, enchevêtrée, contenant de rares grains de quartz. Dans cette chlorite, cristaux de mica noir parfois très grands, transversalement développés. Ilménite abondante.

A. 306. — *Schiste satiné, au Sud du col du Couard.*

A l'œil nu :

Schiste gris verdâtre, à feuillets translucides. Noyaux de feldspath rose. Veinules blanches.

Au microscope :

Schiste fin, quartzo-sériciteux, un peu calcaire. La séricite est en aiguilles extrêmement fines, mais jointives et formant de longues traînées. Apatite et zircon. *Galets* de quartz, d'orthose et de microcline, nettement arrondis.

A. 315. — *Schiste brun, même gisement.*

A l'œil nu :

Aspect de schiste cambrien, un peu corné ; clivage brun ou brun verdâtre. Traînées quartzeuses. Petits nodules feldspathiques.

Au microscope :

Schiste argileux et quartzeux, avec développement de séricite excessivement fine, plus rarement de mica noir. Apatite et zircon, pyrite. Un peu de calcite. *Galets* de feldspath (orthose). Bandes de quartz. Métamorphisme très peu intense.

A. 302. — *Autre schiste satiné, même gisement.*

A l'œil nu :

Schiste gris clair, à cassure cireuse et à esquilles translucides. Assez semblable à certains schistes métamorphiques du Trias.

Au microscope :

Métamorphisme assez intense. Ilménite, apatite, zircon (détritique). Tourmaline développée *in situ*, en aiguilles assez grosses. *Galets* nets de feldspaths, quartzite, gneiss, enveloppés de séricite largement cristallisée. Galets de quartz partiellement recristallisés sur les bords. Schiste séricíteux fin enveloppant le tout. Un peu de chlorite. Zones purement quartzeuses. A remarquer le large développement de la séricite autour des galets.

Dans le même gisement (au Sud du col du Couard, éboulement sur le chemin de Vaujany), on voit des brèches schisteuses (A. 292). Le ciment de ces brèches est toujours un schiste micacé fin, à séricite, parfois à *mica noir*.

A. 294. — *Schiste satiné, versant Nord du col du Sabot.*

A l'œil nu :

Schiste d'un gris bleuâtre, dur, à clivage plan faiblement satiné. Aspect peu cristallin.

Au microscope :

Schiste fin micacé (séricite et mica noir). Les phyllites sont peu abondantes et en lamelles très courtes. Beaucoup d'épidote détritique. Débris de zircons. Rares minéraux ferrugineux. *Galets* de quartz à peine recristallisés sur les bords. *Galets* de feldspath très frais. Roche très analogue à celles du col du Couard ci-dessus décrites.

A. 301. — *Schiste ardoisier, même gisement.*

A l'œil nu :

Ardoise d'un gris de cendres, semblable à certaines ardoises du Lias, mais moins noire ; semblable aussi à certains schistes du Trias. *Aspect très peu cristallin.*

Au microscope :

Schiste oligistifère et tourmalinifère, à rapprocher de certains schistes triasiques. Zones quartzeuses pures, avec fines aiguilles de séricite entre les quartz et un peu de chlorite. Zones à oligiste avec nombreuses aiguilles fines de tourmaline bleue, et fouillis de lamelles de séricite parfois assez grandes.

A. 297. — *Schiste micacé, près d'Arclaret.*

A l'œil nu :

Schiste assez cristallin, mais peu homogène. Des feuillets séricíteux et chloriteux alternent avec des feuillets satinés noirâtres. Nombreux galets, bien visibles sur certains clivages du schiste.

Au microscope :

Schiste micacé, analogue à ceux du Couard et du Sabot, mais plus métamorphique. Poussière ferrugineuse ; petits zircons. *Galets* de quartz et de feldspath, peu nets. Schiste quartzeux très fin, un peu calcaire, avec développement irrégulier de séricite et de mica noir. Zones chloriteuses.

A. 344. — *Micaschite, même gisement.*

A l'œil nu :

Micaschite très fissile argenté et verdâtre. Phyllites un peu confuses.

Au microscope :

Aspect de $\zeta^2$ très cristallin. Aucune apparence détritique. Ilménite et rutile très petits. Grands cristaux de tourmaline. Chlorite, mica noir, séricite, en grandes plages ou en longues lamelles.

On remarquera que ce type, d'une si haute cristallinité, a été recueilli au même point que le type précédent, encore si franchement détritique.

A. 206. — *Schiste quartzeux. à l'Est de l'Herpie, glacier de Sarenne.*

A l'œil nu :

Quartzite très fin, à cassure luisante, avec bandes excessivement minces, noirâtres et séricíteuses

Au microscope :

Schiste quartzeux inhomogène. Bandes quartzeuses et bandes séricíteuses très fines à aiguilles de séricite très courtes. Ces dernières sont impures : produits noirs et bruns, ilménite, rutile, sphène. Quartz ou agrégats quartzeux vaguement arrondis, enveloppés par des lamelles plus longues de séricite (galets). Origine détritique non douteuse, mais métamorphisme avancé.

A. 226. — *Schiste satiné, même gisement.*

A l'œil nu :

Schiste satiné, brillant, sans plages de phyllites bien distinctes. Beaucoup de bandes micacées ont un reflet gris bleuâtre, comme graphitique. Joints ocreux.

Au microscope :

Alternance de bandes quartzeuses et de bandes plus impures à sphène, ilménite et petits rutiles. Dans ces dernières bandes, grand développement de *longues* phyllites, séricite et chlorite, *associées* et enchevêtrées. Petits feldspaths. Aucune apparence détritique ; recristallisation totale.

Dans d'autres échantillons du même gisement (A. 230), il y a des bandes feldspathiques formées de plages d'orthose englobant des aiguilles de séricite. Entre les cristaux d'orthose, autres phyllites confuses. L'aspect n'est pas celui d'un schiste granulitique, et il ne semble pas que le feldspath soit d'apport éruptif. Mais l'aspect n'est pas non plus celui des schistes permiens feldspathiques de la Vanoise : ici les feldspaths sont moins isolés, et ils ne repoussent pas les phyllites environnantes.

On trouve encore au glacier de Sarenne des cornes vertes dures, à cassure esquilleuse et à joints rouillés (A. 232). Ces cornes offrent, au microscope, un bon type de schiste micacé, à ciment séricíteux et chloriteux. Quelques orthoses se mêlent à la mosaïque quartzeuse.

Enfin, certains micaschistes du glacier de Sarenne sont remarquablement ferrugineux. Les minéraux noirs et bruns forment des bandes, riches en rutile et en tourmaline, et où les phyllites se sont développées de préférence. Quand on monte du glacier jusqu'à la crête de l'Herpie, on voit ces micaschistes ferrugineux prendre peu à peu la prépondérance.

A. 241. — *Schiste roux, crête de l'Herpie (2995$^{m}$).*

A l'œil nu :

Schiste à clivage irrégulier, avec fentes transversales (la roche se débite en polyèdres). Clivage satiné, grisâtre. Bandes rougeâtres donnant par altération superficielle une poussière ocreuse.

Au microscope :

Bandes exclusivement quartzeuses avec phyllites rares. Bandes *oligistifères*, très riches en oligistes, avec mosaïque de quartz et de feldspath (orthose et oligoclase). Quelques cristaux de zircon et d'apatite. Bandes quartzo-séríciteuses, à séricite très courte.

Ces schistes forment toute la crête des Rousses depuis les gorges de la Sarenne jusqu'à 600 mètres environ au nord de l'Herpie. Ils se granulitisent peu à peu, du côté du Sud comme du côté du Nord.

A. 242. — *Quartzite, versant Nord-Ouest des Petites-Rousses, en longues enclaves dans la granulite.*

A l'œil nu :

Quartzite schisteux très blanc, fortement translucide, avec joints un peu séri-citeux ; se débite en fines membranes, comme certains quartzites du Trias.

Au microscope :

Roche excessivement pure. Quartzite très fin, presque sans séricite.englobant des noyaux vaguement arrondis d'un quartzite plus grossier.

Quelques échantillons (A. 250) ont la compacité et la translucidité de l'opale blanche.

A. 311. — *Chloritoschiste, au pied du glacier de la Cochette.*

A l'œil nu :

Aspect de chloritoschiste très cristallin.

Au microscope :

Grandes plages de chlorite fourmillant de petits rutiles et de sphènes impurs et moulant des cristaux d'*apatite* extraordinairement abondants. Très peu de quartz. Séricite associée à la chlorite. Roche curieuse. Rien de détritique.

A. 336. — *Poudingue enclavé dans les gneiss granulitiques, col de glace entre le glacier des Malatres et celui des Quirlies.*

A l'œil nu :

Aspect de gneiss à mica blanc, avec quelques galets ronds de quartz, de gneiss et de granulite. Ces galets ne se voient bien que sur les très gros blocs.

Au microscope :

Poudingue à ciment séricitenx (longues lamelles) englobant des galets très nombreux et très serrés les uns contre les autres. Ces galets sont de quartz, de gneiss à mica blanc et de granulite. Les galets quartzeux ne sont presque pas recristallisés. Le métamorphisme a porté surtout sur le développement de la séricite.

A. 219. — *Autre poudingue dans les gneiss granulitiques, sous l'Alpetta, chemin muletier d'Oz au lac Carrelet.*

A l'œil nu :

Roche confuse. Beaucoup d'orthose rose et de quartz, noyés dans un ciment verdâtre.

Au microscope :

Poudingue peu métamorphique : ciment fin à séricite très courte. Galets très nombreux et souvent jointifs de quartz, quartzite, feldspath, gneiss, etc.

Ce poudingue est intercalé dans une sorte de gneiss à mica noir et amphibole, profondément granutilisé (voir plus loin, A. 204 et A. 221).

A. 288. — *Autre poudingue, intercalé dans les gneiss granulitiques sur le bord ouest du col du Sabot, au pied des Rochers Motas.*

A l'œil nu :

Schiste satiné d'un gris verdâtre avec gros galets ou noyaux, pour la plupart feldspathiques ; beaucoup de pyrite en gros cubes.

Au microscope :

Argile d'apparence isotrope avec pyrite, poussière ferrugineuse, calcite et un peu de séricite. Galets de granulite, gneiss et schistes quartzeux. Galets nombreux d'une sorte de minette non fluidale, composée d'orthose et de mica noir chloritisé, et contenant aussi des cubes de pyrite.

Cette minette diffère assez peu de certains orthophyres du Houiller des Rousses pour que l'on puisse se demander si la roche en question n'est pas un schiste houiller pincé en synclinal, ou une intrusion de tuf orthophyrique au sein de l'Archéen. L'examen attentif du banc de poudingue laisse peu de vraisemblance à ces deux hypothèses.

Nous croyons qu'il s'agit bien réellement d'*un poudingue archéen*, contenant des galets d'une *roche éruptive archéenne (minette)*, roche dont le gisement originel nous est encore inconnu.

## Schistes granulitiques et gneiss archéens

Nous ne décrirons sous cette rubrique que des roches granulitiques à allure nettement stratifiée, renvoyant au chapitre suivant l'étude des granulites impures, schistoïdes et gneissiques.

A. 211. — *Schiste granulitique, sommet du pic Bayle (3473$^{m}$).*

A l'œil nu :

Gneiss à mica blanc et chlorite, avec lits quartzeux et quartzo-feldspathiques. Clivage ondulé et tourmenté.

Au microscope :

Apatite peu abondante ; beaucoup de produits ferrugineux ; rutile et ilménite (petits) dans les phyllites. Séricite et chlorite en longues et larges plages, séparant des bandes quartzeuses largement cristallisées et moulant de grands feldspaths (oligoclase, orthose, anorthose). L'orthose est remarquable par la netteté du clivage *p*. L'oligoclase est fortement kaolinisé.

Aucune apparence détritique. Vrai gneiss granulitique, dont la matière première a été un schiste ferrugineux analogue au schiste roux de l'Herpie.

A. 239, 259 et 264. — *Gneiss, sommet de l'Étendard (3473m).*

A l'œil nu, gneiss à mica blanc.

Au microscope :

Roche très dure. Rares zircons (très petits) ; un peu d'ilménite. Schistes quartzeux fin à séricite courte (schiste originel) alternant avec des bandes feldspathiques irrégulières. Dans ces dernières bandes, la texture varie entre deux extrêmes : plages très grandes enchevêtrées ou mozaïque quartzo-feldspathique fine. Les feldspaths sont : orthose, anorthose, microcline, oligoclase. Grandes plages de mica blanc sur le bord des bandes et autour des feldspaths. Veinules et amandes de quartz secondaire.

A. 240. — *Gneiss, face Ouest de l'Étendard.*

Échantillon plus feldspathisé, montrant des plages de granulite pure, en fine mosaïque, avec mica blanc bien développé. Le gneiss même est formé de bandes feldspathiques très régulières et de bandes quartzeuses. Entre les bandes, grandes lamelles de mica blanc. Les bandes feldspathiques sont composées d'une mosaïque de petits cristaux pseudo-rectangulaires d'orthose (oligoclase rare) avec peu de quartz. Les bandes quartzeuses (ancien schiste) contenant de la séricite courte.

A. 244. — *Roche verte, à l'Est du grand lac glacé, entre le lac de la Fare et les Petites-Rousses.*

A l'œil nu :

Gneiss très vert, avec nombreuses lamelles de mica noir et noyaux feldspathiques parfois très gros (plus d'un centimètre).

Au microscope :

Schiste quartzo-chloriteux fin à sphène (superbe), avec gros cristaux d'orthose et de plagioclase et lamelles de mica noir. Le mica noir est remarquable par sa pureté. Il forme des paquets volumineux, enveloppant les feldspaths. Quartz dans les interstices. Calcite abondante et quelques cristaux de pyrite dans le schiste. Aucune apparence détritique.

A. 283. — *Gneiss, anticlinal dans le Houiller, face Ouest du Château-Noir.*

Aspect macroscopique de gneiss granulitique.

Au microscope :

Schiste quartzeux fin, injecté de granulite très feldspathique, quelquefois consolidé en micropegmatite. Chlorite provenant sans doute du mica noir. Séricite de dynamo-métamorphisme dans les joints le long des feldspaths.

A. 290. — *Gneiss, plateau de Brandes.*

Roche glanduleuse verdâtre, vaguement stratifiée, granitoïde.

Au microscope :

Alternance de bandes quartzeuses et de bandes feldspathiques avec mica noir (chloritisé) et séricite. Là dedans, grosses amandes de granulite très feldspathique, ou gros noyaux d'orthose englobant du mica noir.

A. 204. — *Gneiss, chemin de l'Alpetta à Oz.*

A l'œil nu :

Aspect de minette ou de porphyrite micacée, à cause de l'abondance et des dimensions du mica noir. Veines et noyaux de calcite.

Au microscope :

Roche très singulière. Oligiste, sphène; beaucoup d'apatite. Mica noir en plages énormes. Orthose volumineux englobant souvent le mica noir. Les interstices entre ces cristaux sont remplis par un *schiste micacé fin*, peu quartzeux, parfois un peu calcaire. A l'orthose s'associe un peu d'oligoclase : ces feldspaths sont d'une grande pureté.

A. 221. — *Gneiss amphibolique, même gisement.*

A l'œil nu :

Roche largement cristallisée ; hornblende verte avec mica noir hexagonal. Presque pas de feldspaths visibles.

Au microscope :

Roche extrêmement cristalline. Apatite très abondante, ilménite, sphène, hornblende, mica noir. Le mica et l'amphibole forment au moins les trois quarts de la masse. Les interstices sont remplis par des plages de quartz et de feldspath (oligoclase). Calcite secondaire. Aucune ressemblance avec les gneiss amphiboliques des Rochers Rissiou.

C'est à ces deux dernières roches, d'un si haut métamorphisme, que s'associe le poudingue ci-dessus décrit sous le numéro A. 219.

Si l'on fait abstraction de ces roches exceptionnelles, on peut dire que la composition moyenne du gneiss granulitique archéen dans les Rousses est assez bien représentée par celle des échantillons de l'Étendard (voir ci-dessus, A. 239 et 240). On voit presque toujours, au microscope, un mélange d'un schiste micacé ancien avec des matériaux feldspathiques largement cristallisés, ou encore avec une granulite en mosaïque régulière. Les gneiss absolument francs, ne présentant plus aucune trace du schiste originel, comme celui (que nous avons décrit) du sommet du pic Bayle, sont relativement rares.

Les gneiss granulitiques archéens des Grandes-Rousses ne sont jamais très homogènes. Nous voulons dire par là que, si l'on marche normalement aux bancs, on voit, presque toujours, le faciès et la couleur varier rapidement et dans une large mesure d'une assise à l'autre. Cette variabilité ne se présente pas, du moins au même degré, dans le terrain primitif.

C'est ainsi qu'en montant du glacier des Rousses à l'Étendard, on traverse une alternance bien des fois répétée de micaschistes à mica blanc, chloritoschistes, schistes satinés, schistes cornés, schistes feldspathiques, vrais gneiss, bandes de granulite blanche. Il en est de même, bien qu'à un degré moindre, sur l'autre versant. Les rochers qui encadrent le col des Quirlies [1], ceux qui séparent les glaciers des Quirlies et des Malatres (à l'Ouest du Houiller), ceux du Mont-Savoyat, sont intéressants à étudier à ce point de vue. C'est beaucoup plus au Sud, dans la montagne de la Croix-de-Cassini, que les gneiss archéens ont la plus grande homogénéité. La séparation par lits distincts de la granulite et des schistes est, au contraire, à son comble, à la base du Glacier des Rousses, aux environs du lac de la Fare.

[1] Le col des Quirlies est le col de glace qui fait communiquer les glaciers de Saint-Sorlin et des Quirlies. Il s'ouvre, à 2,900m environ d'altitude, entre le Grand-Sauvage et l'Etendard.

---

# CHAPITRE III

## GRANULITE

---

Les deux gradins intermédiaires des Grandes-Rousses, en face d'Allemont, celui qui supporte les pâturages de l'Alpetta, et celui sur lequel le glacier des Rousses vient mourir en donnant naissance à des lacs à demi-glacés, sont constitués en grande partie par la granulite. Cette roche, identique à la granulite des gorges de Maupas (*granite des Sept-Laux*, de Lory) ne se présente toutefois à l'état de pureté que dans le gradin supérieur. Sur le plateau de l'Alpetta et dans les escarpements qui dominent le Bessey et l'Enversin, la roche éruptive est mêlée en toutes proportions aux schistes chloriteux archéens ($\gamma^1X$ de notre carte) ; le type habituel est une sorte de gneiss extrêmement et irrégulièrement granitoïde, ayant, en grandes masses, la compacité et l'homogénéité du granite. Dans le gradin supérieur, au contraire, depuis les ruines de Brandes au Sud, jusqu'aux environs du col du Couard, la granulite franche domine. Nulle part elle n'est plus développée, plus massive et plus pure, que dans la partie de ce gradin qui porte le nom de Petites-Rousses. En montant du lac Volant au sommet des Petites-Rousses par le chemin le plus court, c'est à peine si l'on traverse trois ou quatre bandes de schistes, plus ou moins granulitiques, épaisses de quelques mètres. Tout le reste est granulite.

C'est à Dausse que revient l'honneur d'avoir le premier signalé l'existence de roches granitiques dans cette région de l'Oisans. « A la cascade des Sept-Laux, « dit-il, un peu en amont du Rivier, la roche est un beau granite. On sait qu'il « abonde sur la hauteur, autour du singulier emplacement de ces lacs[1] ». Il ajoute un peu plus loin[2] : « Dans le fond de la Cochette, la roche est grenue, « verte, sans stratification régulière, conséquemment de nature granitique ». Et ailleurs : « En continuant à descendre vers le nord (des environs du lac « Blanc), j'ai marché sur le gneiss, tantôt vert et schisteux, à feuillets rappro- « chés, tantôt blanc rougeâtre, en couches puissantes, semblant même quel- « quefois passer au granite massif. C'est le *granite veiné* de Saussure. Le plateau « des Petites-Rousses tout entier est essentiellement formé par cette roche[3] ».

[1] Dausse, op. citato, p. 132.
[2] Id. Ibid. p. 136.
[3] Id. Ibid. p. 135.

Enfin, décrivant le plateau de pâturages de l'Alpetta, il dit que « la roche primitive y est de toute part granitique[1] ». Sur les coupes jointes à son beau mémoire, il donne généralement le nom de gneiss à la roche cristalline qui forme l'ossature de la chaîne ; mais dans l'une des coupes, il appelle granite la roche du fond de la vallée du Flumet.

Il ne semble pas que Lory ait jamais visité les Petites-Rousses. Il n'eût pas manqué, s'il y fût venu, de distinguer la grande masse de granulite blanche, dont elles sont composées, des gneiss granulitiques qui l'entourent. Dans toutes les coupes qu'il a données de ce versant occidental des Rousses, il représente, sans doute d'après le texte de Dausse, le terrain cristallin comme formé de gneiss. Quant au granite des Sept-Laux qu'il connaissait bien, Lory dit « qu'il « offre des indices de texture *granulitique* ». « Cette texture, ajoute-t-il, est en- « core bien plus prononcée dans des filons minces qui traversent les gneiss et les « micaschistes de la gorge du Maupas ; mais ces filons ne paraissent pas avoir « pénétré dans les schistes amphiboliques[2] ».

La vérité est que la granulite de Maupas qui monte, sur les flancs de la gorge, d'une part jusqu'aux Rochers Rissiou, de l'autre jusqu'aux lacs, est identique à celle qui forme, depuis le col du Couard jusqu'à Brandes, la roche dominante du long plateau des Petites-Rousses. Cette granulite a modifié les micaschistes, les amphibolites et les schistes archéens, tantôt s'injectant en fines veinules, tantôt s'extravasant en amas lenticulaires isolés, tantôt enfin se mélangeant intimement au schiste et donnant, par recristallisation, une roche granitoïde verdâtre où l'on peut retrouver la plupart des variétés de protogine.

La granite pure des Rousses est une aplite blanche, à grain très fin, sans phyllite macroscopique, se distinguant nettement de la plupart des granulites du Plateau Central par sa pauvreté en micas. A Maupas et dans le massif des Sept-Laux, la roche franche a l'apparence du sucre raffiné. Dans les Petites-Rousses, la texture varie un peu ; certains types ressemblent à des quartzites ; d'autres, à grain plus discernable, offrent à l'œil nu quelques lamelles feldspathiques ; d'autres plus rares sont absolument aphanitiques, avec une cassure de silex ou d'opale blanche, et une remarquable translucidité. La roche présente presque partout de nombreux joints séricitcux à platine rouillée. La séricite de ces joints est due évidemment au dynamo-métamorphisme (écrasement des feldspaths).

Au microscope, cette granulite montre une texture très simple. C'est une mosaïque régulière de quartz, d'orthose, d'anorthose et d'oligoclase (l'orthose l'emporte généralement sur les deux autres feldspaths). Le microline est rare. Tantôt la mosaïque est relativement grossière, comme dans les aplites du Plateau Central. Tantôt sa finesse est extrême, comparable à celle de la pâte des microgranulites. On observe souvent un peu de mica blanc, plus rarement du

[1] Id. Ibid. p. 145.

[2] Lory, *Coup d'œil sur la structure géologique des massifs primitifs du Dauphiné*, p. 8.

mica noir. Les feldspaths sont généralement envahis par la kaolinite. La roche est remarquablement pauvre en minéraux accessoires. Les produits ferrugineux et l'apatite font souvent presque entièrement défaut. Seul, le zircon est fréquent, mais en cristaux extrêmement petits.

Dans les variétés aphanitiques et translucides, on observe une tendance marquée à la structure microgranitique [1]. Une mozaïque quartzo-feldspathique excessivement fine entoure des cristaux plus volumineux d'orthose et d'oligoclase. Mais les deux stades de consolidation sont encore presque confondus, et le quartz ancien, si caractéristique des microgranulites, manque complètement.

Nulle part nous n'avons observé dans les Grandes-Rousses ces granulites à grandes parties si répandues dans le massif du Pelvoux, et qui sont célèbres pour la belle couleur rose corail de leur orthose. La roche des Rousses, quand elle est franche, est uniformément blanche et presque toujours aplitique.

Dès qu'elle se mélange aux schistes archéens, aux micaschistes ou aux amphibolites, la granulite cesse d'être aplitique et devient grossière. Les zones blanches des gneiss granulitiques sont presque toujours largement lamelleuses. Au microscope, on n'a plus une mosaïque régulière, mais un enchevêtrement confus de grands cristaux de feldspath, avec plages de quartz à contours compliqués dans les interstices de ces grands cristaux. Parfois même la granulite impure ($\gamma^1X$) devient phorphyroïde. Sur le plateau de l'Alpetta, surtout au voisinage du lac Carrelet, on trouve de nombreux exemples d'une roche granitoïde verte, très hétérogène, remplie de débris de chloritoschistes, dans laquelle l'orthose s'est individualisé en cristaux de plusieurs centimètres de longueur, d'une belle couleur rose pâle. Le ciment vert est confus ; aucune lamelle phylliteuse n'est visible à l'œil nu. Au microscope [2], ce gneiss porphyroïde montre d'énormes cristaux d'orthose englobant un mica noir plus ou moins altéré (ferruginisé, verdi ou blanchi). Dans les interstices des cristaux d'orthose, on observe un schiste quartzeux et micacé (mica noir, chlorite, séricite, en lamelle très courtes) très fin. C'est là évidemment le schiste originel, dans lequel l'imbibition granulitique a développé localement de grands orthoses. On peut rapprocher la roche porphyroïde de l'Alpetta de nombreuses variétés de la protogine à orthose rouge du Pelvoux (Combeynot, Meije, Grande-Ruine, Ecrins).

Le type habituel de la *granulite impure* est une sorte de granite schisteux ou de gneiss granitoïde présentant une alternance plus ou moins bien marquée de bandes blanches feldspathiques et de bandes vertes chloriteuses. Le grain est

[1] L'échantillon le plus intéressant à ce point de vue a été récolté par nous au Nord du refuge de la Fare, sur la rive gauche de la grande cascade où tombent les eaux du lac de Balme-Rousse, dans une longue bande aplitique enclavée au milieu de schistes granulitiques. *Collection de l'École des Mines de Saint-Étienne*, plaques A 251.

[2] *Collection de l'Éc. des Mines de Saint-Étienne*, pl. A. 229.

grossier. Au microscope, on voit des piles dispersées et polysynthétiques de mica noir généralement blanchi ou verdi, parfois même chloritisé, et de chlorite. Ces piles, qui contiennent des rutiles très fins et un peu de zircon (belles auréoles polychroïdes) sont moulées par de grands feldspaths. Outre le quartz qui remplit les interstices, il y a du quartz secondaire en gouttelettes dans les feldspaths, et de nombreuses veinules quartzeuses et séricitiques au travers de la masse.

Dans certains échantillons, les veinules quartzeuses et séricitiques sont nettement orientées ; elles tranchent les feldspaths, qui, sur les bords de la cassure, sont usés et broyés. Le gneiss a été écrasé et laminé ; puis les joints ont été remplis par le quartz et la séricite développés aux dépens des matériaux pulvérisés. On a ainsi un remarquable exemple de la superposition du dynamométamorphisme au métamorphisme purement chimique : les effets de ces deux causes sont absolument différents, et on ne saurait les confondre.

Les environs immédiats du refuge de la Fare [1] sont intéressants à explorer au point de vue de l'étude de la granulite impure. On y trouve toutes les variétés possibles, depuis la granulite franche du type Petites-Rousses, jusqu'aux schistes quartzeux et chloriteux à peine feldspathisés. En général, la feldspathisation est intense et les feldspaths sont de grande dimension. Le mica blanc est toujours rare. Dans beaucoup de cas, le microcline et l'anorthose s'associent à l'orthose et à l'oligoclase : les mélanges microperthitiques sont fréquents.

Au Nord et au Nord-Est du refuge de la Fare, sont de longues bandes de gneiss granulitiques, associées à des schistes peu feldspathisés, s'intercalent au milieu de la granulite. Ces bandes sont, en grand, parallèles à la chaîne : elles contiennent à leur tour des bandes de granulite bien reconnaissables de loin à leur couleur blanche. On peut voir sur notre carte un de ces rubans granulitiques, partant du pied nord des Petites-Rousses, et courant Nord-10°-Est jusqu'auprès du col du Couard, sur plus de cinq kilomètres de longueur. Cette masse granulitique est bien observable sur les bords occidentaux des trois grands lacs du plateau supérieur ; les lacs de la Fare, de Balme-Rousse et de la Jasse.

A l'Est de ces trois lacs, le mélange de la granulite et des schistes redevient plus intime, mais avec prédominance de l'élément schisteux. Les schistes granulitiques et les gneiss constituent toute l'arête principale des Grandes-Rousses, de l'Étendard au pic Bayle. Sur la face occidentale de la montagne, on voit encore de nombreuses veinules de roche éruptive courir au milieu des schistes. Sur la face orientale (glaciers de St-Sorlin, des Quirlies et du Grand-Sablat), la feldspathisation est beaucoup plus régulière. Elle diminue d'ailleurs au fur et à

[1] Ce refuge, mal indiqué sur la carte d'Etat-Major, est situé au Nord-Est du lac Carrelet, au pied de l'escarpement qui porte le lac de la Fare. Sa position exacte est définie par l'intersection d'une ligne Nord-Sud partant du sommet 2813 (Petites-Rousses) et d'une ligne Est-Ouest partant du mot *Lac*. On s'y rend en 40 minutes, du lac Carrelet, par un chemin très pierreux, mais très riche en belles variétés de granulite impure. L'altitude de la cabane est d'environ 2300 mètres.

mesure que l'on marche vers l'Est. Les escarpements qui dominent la rive droite du Ferrand, au-dessus des Châlets Aubert, Eyniard et Chèze, sont formés de schistes non granulitiques.

Au Sud du pic Bayle, la granulite se fait rare sur l'arête des Rousses. Elle ne reparaît un peu abondante qu'au-delà du glacier de Sarenne. Les gneiss du Château-Noir, de la Croix-de-Cassini, de même que ceux traversés par le chemin muletier de Sarenne à Clavans, sont remarquablement feldspathiques.

Le grand massif granulitique des Petites-Rousses se termine au Nord sous la montagne calcaire des Aiguillettes, probablement à faible distance du col du Couard. On ne le retrouve point de l'autre côté du synclinal liasique. Quand au prolongement septentrional de l'arête des Rousses, il présente un enrichissement local en granulite aux environs du sommet nord de la Cochette ($3173^m$) ; puis, la roche éruptive y devient de moins en moins abondante. A partir du lac Tournant, et jusqu'à Arclaret, les schistes archéens sont à peu près dépourvus de feldspath.

Du côté du Sud, le massif granulitique se termine en pointe sous les calcaires de l'Homme d'Auris, graduellement resserré entre les gneiss à l'Ouest et les schistes satinés à l'Est. Il se termine d'ailleurs par des roches granitoïdes impures. A l'Est du point 2021 (Châlet de la Charbonnière) on peut cependant observer un dernier lambeau de belle granulite blanche, remarquablement aphanitique, de tous points comparable à celle des Petites-Rousses. Mais ce lambeau, large de quelques centaines de mètres seulement, ne va point jusqu'à la crête de l'Herpie.

Au Sud du massif calcaire d'Auris, dans les gorges de la Romanche ou dans l'abrupt qui domine la plaine du Bourg d'Oisans, la granulite est abondamment répandue et injecte indifféremment le $\zeta^2$ et l'X ; mais il est rare qu'elle s'isole en bandes ou en amas distincts. Il faut pourtant citer l'amas du pont Saint-Guillerme, connu depuis longtemps et dont Lory a fréquemment parlé. La roche du pont Saint-Guillerme est une granulite impure, sorte de protogine verdâtre à gros grains, d'aspect peu homogène. Le mica noir y abonde, associé à de petites quantités de mica blanc. L'anorthose est très répandu. De même que dans la protogine du Mont-Blanc [1], le quartz moule tous les autres éléments. Le mica noir est verdi, souvent même transformé en chlorite. La roche contient de nombreuses enclaves de micaschistes.

Dans la gorge de Maupas, l'épaisseur de la granulite franche est voisine de deux kilomètres : aux Petites-Rousses, elle ne dépasse guère un kilomètre. En ajoutant l'épaisseur de la zone à granulite impure ($\gamma^1\zeta^2$ ou $\gamma^1X$), on arrive, aux Petites-Rousses comme à Maupas, à une puissance totale d'environ trois mille mètres. Dans l'une comme dans l'autre de ces deux régions, la granulite ne constitue ni un dyke, ni un anticlinal. Elle forme simplement un amas intercalé au milieu des schistes, amas dont l'origine est une intrusion ou une extravasion de la roche éruptive. On peut assimiler ces amas énormes à ceux du

[1] Michel Lévy, *Roches Cristallines des env. du Mont-Blanc*, p. 12.

Plateau Central, généralement placés dans des étages plus anciens, par exemple aux confins du $\zeta^1$ et du $\zeta^2$. Les masses granulitiques qui jalonnent le versant Ouest des montagnes du Forez, celle de Saint-Victor-sur-Loire, près Saint-Etienne, celles de l'Auvergne, ne semblent pas moins puissantes que celles des Grandes-Rousses.

A quelle époque s'est produite cette grande montée de granulite ? Nous ne le savons pas encore d'une façon précise. Le fait que l'on trouve des galets de granulite dans les poudingues de l'Archéen prouve que la venue éruptive était commencée au moment du dépôt de ces couches. On sait d'autre part que, dans le Plateau Central, l'émission granulitique principale semble avoir suivi les premiers plis hercyniens [1]. Nous sommes par suite porté à croire que cette imprégnation singulière, cette éruption dont le processus est encore si mystérieux, a duré pendant de longues séries de siècles.

[1] Parce que, dans le granite, les filons de granulite sont, en général, parallèles aux plis hercyniens de la région. Cette constatation est particulièrement facile dans le massif du Pilat. On ne peut faire la même remarque dans les Alpes, à cause de l'absence de massifs étendus de granite, et, par conséquent, de la rareté des dykes granulitiques : dans le terrain cristallophyllien, la granulite se présente en amas ou en nappes interstratifiés ; elle n'est presque jamais en filons.

---

# CHAPITRE IV.

## HOUILLER

Le terrain houiller (grès à anthracite de Dausse, Gueymard et Lory) joue un très grand rôle dans la constitution du massif des Rousses. Il apparaît, de part et d'autre de l'arète principale, sous la forme de deux synclinaux réguliers[1]. Le synclinal de l'Est est coupé par la Romanche à quelques centaines de mètres en amont du Freney. Il constitue la plus grande partie de la montagne de la Croix-de Cassini, se réunit, au Château-Noir, à un synclinal secondaire, celui des Granges-Veyrat, et se poursuit de là sans aucune interruption jusqu'au col de la Croix-de-Fer, où il disparaît sous les cargneules et calcaires secondaires. La largeur de ce synclinal dépasse en certains points deux mille mètres. Le synclinal occidental est coupé par la Romanche entre le Mailloz et le Chatelard. On peut le suivre vers le Nord jusque très près de l'Etendard ; il finit en pointe sous le glacier des Rousses. Sa largeur dépasse rarement cinq ou six cents mètres.

Vers le Sud, ces synclinaux se prolongent jusqu'à la vallée du Vénéon, dans une direction sensiblement Nord-Sud ; mais le synclinal Est est en grande partie caché par le Lias et par les moraines de l'Alpe ; celui de l'Ouest est plus facile à suivre.

Pressenties par Dausse, l'unité et la continuité du synclinal oriental n'avaient point paru aussi évidentes à Lory, comme on peut s'en convaincre en jetant un coup d'œil sur les minutes à 1/80.000 que ce dernier nous a laissées. Le synclinal occidental, mieux connu de Dausse et de Lory, à cause de l'existence d'une mine d'anthracite à l'Herpie, est pourtant mal indiqué sur leurs cartes, au moins dans sa partie Nord. Les deux auteurs l'ont fait descendre beaucoup trop bas, jusqu'au plateau des Petites-Rousses et jusqu'au lac de la Fare ; au lieu que les strates houillères, cachées pour la plupart sous le glacier des Rousses, n'apparaissent qu'au-dessus du glacier, à la base des rochers de l'arète principale.

La composition des deux synclinaux n'est pas la même. A l'Ouest, des schistes, des grès fins, de l'anthracite en couches peu régulières, il est vrai, mais par-

[1] Lory, *Description géolog. du Dauphiné*, p. 81 à 90. La monographie des deux synclinaux, aux points où ils sont coupés par la route nationale, est d'une admirable exactitude.

fois très épaisses ; à l'Est, des poudingues à très gros éléments, des grès grossiers, des tufs et des coulées d'orthophyres. Ce n'est pas à dire que les poudingues fassent absolument défaut dans le synclinal Ouest : à la mine de l'Herpie on peut en observer un banc puissant, formant le bord occidental du petit bassin. De même, on peut observer des schistes dans le synclinal Est : on y exploite même de l'anthracite, à la mine de Chatagouta, près Clavans, et l'on a fait des recherches de combustible aux Granges Veyrat et aux Granges de la Balme. Mais, dans l'ensemble, le faciès des dépôts houillers est bien différent de part et d'autre de l'arête des Rousses. Quant aux orthophyres, si abondants dans le synclinal Est, ils manquent absolument dans la bande de l'Herpie [1].

Il semble donc que ces deux synclinaux correspondent à deux bassins séparés. Ces bassins occupaient deux dépressions synclinales d'une chaîne antéhouillère, et les plis de cette première ébauche de la chaîne hercynienne avaient précisément la direction que devaient prendre plus tard les plis alpins.

Le sol, à l'époque houillère, était fort accidenté, à en juger par l'énorme dimension des blocs roulés que l'on peut observer dans les poudingues [2]. Une arête importante se dressait donc, entre les deux bassins, à peu près dans le même plan vertical que l'arête actuelle des Grandes-Rousses. Une autre arête, sans doute beaucoup plus élevée, dominait à l'Est le synclinal oriental, et c'est de là que venaient, suivant toute vraisemblance les torrents les plus impétueux et les matériaux les plus grossiers.

On connaît dans les Rousses d'autres lambeaux de terrain houiller, aujourd'hui isolés des deux bandes principales, mais qui appartiennent probablement, au point de vue de l'origine, à l'un ou à l'autre de ces deux bassins.

Le plus important est le lambeau dit de la Demoiselle, au Nord-Est du col du Couard. Ce lambeau, signalé pour la première fois par Gueymard, est presque exclusivement formé de schistes assez métamorphiques, difficiles à séparer de l'Archéen environnant. On y a fait, sans grand résultat, quelques recherches d'anthracite. Ce lambeau prolonge, selon toute probabilité, le synclinal houiller du glacier des Rousses, c'est-à-dire la bande houillère de l'Herpie. Il est formé de schistes, au moins pour la plus forte part, comme cette dernière bande. Toutefois, le raccordement n'est que probable, car il y a solution de continuité. Entre le pied de la muraille Ouest de l'Etendard et le col du Couard, le Houiller n'affleure nulle part au milieu des gneiss granulitiques.

Il faut également rattacher au bassin de l'Herpie, malgré la présence de quelques tufs orthophyriques, le lambeau houiller très métamorphique que nous avons découvert au Sud du lac Blanc. Ce lambeau a une épaisseur d'environ deux cents mètres ; son étendue en direction n'atteint pas un kilomètre. Il est

[1] On les retrouve exceptionnellement à l'état de tufs, dans un troisième synclinal, situé à l'Ouest de celui de l'Herpie, au fond de l'un des ravins qui descendent du Lac Blanc au plateau de Brandes (Voir au Chapitre suivant).

[2] Au glacier de Saint-Sorlin, sous les Arènes, on voit, dans les poudingues houillers, des blocs *arrondis* ayant cinquante centimètres de grand axe. De pareils galets attestent l'existence, à l'époque houillère, d'un relief véritablement alpestre.

d'ailleurs, en raison de son métamorphisme, d'une délimitation extrêmement difficile. Entre Vaujany et la Villette, la route de voitures traverse des couches verticales, schisteuses, à clivage satiné, d'aspect métamorphique, dans lesquelles s'intercalent quelques bancs de poudingue. Il n'est guère douteux que ces roches, dont on trouvera plus loin une description micrographique, n'appartiennent au Houiller. Ce troisième lambeau serait intercalé, comme les autres, dans l'Archéen, mais dans un Archéen très inférieur, et tout près de la limite du $\zeta^2$. Nous inclinerions, par suite, à le rapporter à un bassin distinct, à une dépression synclinale séparée des précédentes et jalonnant, à cette époque lointaine, la zone synclinale aujourd'hui marquée par le Trias et le Lias de Vaujany.

Sur le versant Est des Rousses, deux petits lambeaux, qui semblent aujourd'hui isolés, se rattachent évidemment à la grande bande houillère. L'un s'observe au dessus de Clavans-d'en-haut, à la base des rochers où serpente le chemin muletier de Sarenne: on le verrait rejoindre, à Chatagouta, d'une part, sur Clavans-d'en-bas, de l'autre, le bassin principal, si d'immenses cônes d'éboulis ne cachaient les roches. L'autre lambeau est un mince banc de grès compris entre l'Archéen et le Trias, au pied d'une petite cascade sise exactement à l'Ouest du châlet Aubert, vers le fond de la vallée du Ferrand. Ce grès est indubitablement d'âge houiller. Il représente le bord Ouest du même synclinal, bord sur lequel vient chevaucher le contact du Primaire et du Secondaire. C'est d'une façon analogue, par un banc gréseux d'un mètre d'épaisseur, que l'on voit se terminer en biseau, sur le chemin muletier de Mizoën, au dessus de Pont-Ségut, entre le Lias et l'Archéen, la même bande de terrain houiller.

Nulle part, dans les Rousses, on n'observe de discordance angulaire entre le Houiller et son substratum cristallin. Il est pourtant évident que l'Archéen était déjà plissé quand se sont déposées les strates houillères, puisque parmi ces strates il y a nombre de poudingues à très gros éléments. La concordance apparente tient seulement à l'intensité des plissements postérieurs. Partout le Houiller est pincé en forme d' U ou de V dans les schistes cristallins, presque partout il est fort incliné; presque partout encore il est serré, laminé, écrasé. Dans ces conditions, il est naturel que la discordance disparaisse : elle ne persiste que dans le fond des synclinaux ; mais ce fond échappe généralement, dans les pays très plissés, à toute observation [1].

**Gisements fossilifères.** — Les gisements de fossiles végétaux sont peu nombreux dans les Grandes-Rousses, et chacun de ces gisements n'a donné qu'un bien petit nombre d'empreintes déterminables. Voici, du Sud au Nord, la liste des localités fossilifères :

[1] On sait que le terrain houiller de la Motte-d'Aveillans, près la Mure, est discordant avec les micaschistes. M. Kilian a découvert récemment de nouveaux points où cette discordance est bien visible. Les dépôts houillers du Plateau Central, notamment ceux de Saint-Etienne, sont de même discordants avec le Primitif. Dans toute cette région de la chaîne hercynienne, le Houiller semble avoir rempli les dépressions synclinales. A l'époque de son dépôt, le plissement était déjà très avancé.

1° *Synclinal Ouest.* — Mine de l'Herpie, à 2450$^{m}$ d'altitude environ, à l'Ouest du signal de l'Herpie (2995$^{m}$) ; c'est le gisement dit d'Huez en Oisans, dans la liste de Scipion Gras, citée par Lory [1].

Glacier des Rousses, base des rochers du pic Bayle, et surtout moraine du glacier ; ce gisement n'a pas encore été signalé, du moins à notre connaissance.

2° *Synclinal Est.* — Mont-de-Lans ; gisement cité par Scipion Gras ;

Les granges Veyrat, à l'Ouest du Château Noir, non encore signalé ;

Recherches sur la face Est du pic coté 2690, au Sud-Ouest des granges de la Balme ; ce gisement, connu depuis longtemps, a été récemment exploré par M. Révil.

Scipion Gras cite les fossiles suivants, déterminés par Ad. Brongniart :

*Nevropteris cordata*, l'Herpie.

*Pecopteris polymorpha*, Vénosc (prolongement du synclinal Ouest des Grandes-Rousses).

| | |
|---|---|
| *Odontopteris Brardi*, | Mont-de-Lans. |
| *Cardiocarpon*, | id |
| *Asterophyllites*, | id |
| *Sphenophyllum*, | id |
| *Annularia brevifolia*, | l'Herpie. |
| *A. longifolia*, | Mont-de-Lans. |

Nous avons nous-même retrouvé des *Annularia* dans des schistes noirs du glacier des Rousses, *Nevropteris* et *Pecopteris* indéterminables à la mine de l'Herpie ; enfin de vagues empreintes de fougères à la recherche voisine des granges de la Balme et à l'ancienne fouille des Granges-Veyrat.

Ces fossiles sont malheureusement trop peu nombreux. Il permettent cependant de mettre les dépôts houillers des Rousses au même niveau que ceux du bassin de la Mure. Ce niveau semble être à peu près celui de l'étage de Rive-de-Gier, dans le bassin de la Loire ($h^1$ de la Carte géologique détaillée).

**Mines exploitées.** — L'anthracite est actuellement exploité en trois points du massif des Rousses : à l'Herpie, à Chatagouta, dans le ravin de Cluy.

La mine de l'Herpie, la plus importante des trois, est, comme nous l'avons dit tout-à-l'heure, à l'altitude de 2450 mètres. On ne peut par suite y travailler que pendant cinq mois de l'année. L'exploitation porte sur une seule couche d'anthracite, puissante de 8 à 25 mètres, dirigée Nord-Sud et plongeant de 60° vers l'Est. Le charbon est remarquablement pur. L'extraction varie de 500 à 1000 tonnes par campagne. Un bon chemin muletier accède à l'entrée même de la galerie d'exploitation. On exécute en ce moment des recherches à trois cents mètres plus bas, près de l'ancien châlet de la Charbonnière, sur une veine d'anthracite beaucoup moins épaisse que celle de la mine supérieure.

A Chatagouta, près Clavans, un seul ouvrier exploite une misérable couche

[1] Lory, *Descript. géolog. du Dauphiné*, p. 70.
Scipion Gras, *Ann. des mines*, 3° série, t. 16 et *Bull. de la société de statistique de l'Isere*, 1re série, t. 1.

d'anthracite, redressée verticalement, à la limite même du Houiller et des schistes micacés. Encore la couche se perd-elle fort souvent.

L'exploitation de la mine de Cluy, située près du chemin d'Auris au Freney, est également très peu importante. Le charbon est beaucoup moins beau qu'à l'Herpie, et la vente en est difficile.

Les recherches entreprises à la Demoiselle, il y a une vingtaine d'années, sont abandonnées depuis longtemps. Celles des granges de la Balme, ouvertes, à trois niveaux différents, sur des couches de schistes charbonneux, n'ont donné aucun résultat. On a travaillé encore en 1892 sur des affleurements noirs, jadis fouillés assez profondément, au Nord des Granges Veyrat, au pied des cascades qui tombent du glacier de Sarenne : mais ces travaux, que nous avons visités, ne semblent avoir aucune chance d'aboutir.

D'une façon générale, le terrain houiller des Grandes Rousses est extrêmement pauvre en combustible. Le synclinal Ouest, le seul qui ait jamais fourni des quantités notables d'anthracite, est trop resserré, trop écrasé entre ses deux parois de micaschistes, pour que l'on puisse y trouver autre chose que des couches en chapelet. Quant au synclinal Est, qui s'étend sur de vastes espaces, les poudingues et les roches éruptives jouent dans sa constitution un trop grand rôle pour qu'il puisse être productif. On n'y voit guère que des *terrains sauvages*, pour nous servir de la locution usitée dans les bassins de la Loire et du Gard : les grès fins, les schistes noirs, qui accompagnent généralement le combustible, y font le plus souvent défaut. Aucun bassin houiller du Plateau Central ne présente à un aussi haut degré le caractère de bassin à comblement torrentiel.

**Dépôts houillers métamorphiques**. — La plupart des sédiments houillers des Grandes-Rousses ont conservé un aspect nettement détritique et ne diffèrent des dépôts similaires des autres bassins que par une compacité beaucoup plus grande, résultat de la pression à laquelle ils ont été soumis. C'est ainsi que les poudingues qui forment, près de la mine de l'Herpie, le bord occidental du synclinal Ouest, ceux de Sarenne, ceux du Grand-Sauvage, ceux enfin du glacier de Saint-Sorlin, sont simplement des poudingues comprimés, dans lesquels le ciment est devenu aussi dur (sinon davantage) que les blocs de granulite et de gneiss qu'il entoure. Au microscope, ce ciment ne diffère en rien d'un grès houiller ou d'une argile sableuse houillère, si ce n'est par le développement, dans des fissures excessivement petites, de lamelles de séricite. De même, les beaux grès micacés qui, faisant suite aux poudingues de l'Herpie, limitent à l'Ouest la bande houillère du glacier des Rousses [1], ceux encore qui forment l'arête au Nord-Est du Grand-Sauvage, ressemblent à certains grès de Saint-Etienne : la similitude est plus frappante encore au microscope qu'à l'œil nu. Quant aux schistes charbonneux, fort développés dans le synclinal Ouest, exceptionnels dans le synclinal Est, ils sont beaucoup plus durs

[1] Ces grès ne se voient bien *en place* qu'à l'intersection du bord aval du glacier des Rousses avec le méridien 4°20' (Etat-Major, feuille de Saint-Jean-de-Maurienne).

et tenaces que leurs congénères du Plateau Central, et présentent en outre, sur leur clivage ardoisier, de nombreuses lamelles de séricite plus ou moins développées. Cette séricite est formée *in situ*. C'est elle qui épigénise, comme chacun le sait, les fossiles végétaux. Sa formation témoigne de l'abondance relative des alcalis dans les argiles houillères des Alpes, abondance qui semble pouvoir s'expliquer aisément par l'importance des émissions granulitiques dans la région aux époques antérieures. Dans le terrain houiller de Saint-Etienne, formé surtout aux dépens des micaschistes, les argiles métamorphiques ont donné des cristaux de pholérite et de leverriérite, plus rarement de mica noir : le mica blanc y est exceptionnel.

Au microscope, l'aspect de ces schistes noirs diffère peu de celui des schistes houillers ordinaires. On y voit de l'apatite et du zircon détritiques, provenant sans doute des tufs et coulées d'orthophyre ; un peu de mica noir, également détritique ; quelques gros galets de quartz non frangés : le tout enveloppé d'un schiste très fin, un peu quartzeux, avec une argile cristallisée confuse, généralement brune (leverriérite ?). Le schiste est souillé de traînées brunes et de traînées noires (anthracite). Il y a presque toujours un peu de pyrite fine [1].

Mais, outre ces dépôts à faciès normal ou à peu près normal, le Houiller des Rousses (on pourrait dire le Houiller alpin en général) renferme de nombreuses strates à faciès très métamorphique. Parfois même, le faciès métamorphique envahit la plus grande partie de la formation, à tel point qu'on ne sait plus si l'on est dans le Houiller ou dans l'Archéen, et que le microscope même est souvent impuissant à trancher la question. Ce cas est fréquent dans le synclinal Est, sans doute à cause de l'abondance des matériaux éruptifs (orthophyres) : c'est ainsi que les escarpement de la Croix-de-Cassini, au dessus de Clavans, sont constitués par des schistes et des poudingues à faciès éminemment archéen. On retrouve la même difficulté, peut-être à un peu haut degré encore, dans le petit lambeau situé à l'Ouest du synclinal de l'Herpie.

Ce faciès métamorphique du Houiller alpin est connu depuis longtemps. Lory rappelle que Scipion Gras et Gueymard, trompés par l'apparence cristalline des assises houillères du Freney, regardaient ces assises « comme faisant partie des « terrains cristallisés et alternant réellement avec les schistes talqueux et les « gneiss » [2]. C'est à Favre que l'on doit la première conception du houiller métamorphique [3], de même que la première indication de l'âge réel de beaucoup de dépôts anthracifères.

Nous avons décrit ailleurs [4] les schistes houillers remarquablement cristallins de Champagny (Savoie). M. P. Lory [5] a récemment donné, d'après M. Mi-

1. Cette description se rapporte spécialement aux schistes noirs situés à l'amont du glacier des Rousses, à la base des rochers du pic Bayle. *Collection de l'Ecole des Mines de Saint-Etienne*, Pl. A 248 et 249.

2. Lory, *Descript. géolog. du Dauphiné*, p. 86.

3. Favre, *Sur les anthracites des Alpes*; *Mém. de la Société de phys. et d'hist. nat. de Genève*, t. IX, 1841.

4. Termier, *Etude sur la constitut. géolog. du massif de la Vanoise*, p. 17 et 18.

5. P. Lory, *Etudes géolog. dans la chaine de Belledonne*, 1893, p. 19.

chel-Lévy, la monographie de divers échantillons provenant du Houiller de la chaîne de Belledonne. On trouve dans les Rousses de nombreux échantillons conformes à ces descriptions.

Mais beaucoup d'échantillons du Houiller des Rousses s'écartent notablement de ces types. Beaucoup ont subi un métamorphisme encore plus intense. Nous croyons donc devoir donner ici l'étude pétrographique complète d'un certain nombre de types nouveaux, choisis parmi les plus caractéristiques.

A. 203 [1]. *Schiste, escarpements au-dessus du Freney.*

A l'œil nu :

Aspect de schiste chloriteux. Si l'on regarde attentivement une cassure fraîche, on a la sensation de l'hétérogénéité. Quelques grandes lamelles de mica blanc. Galets de quartz.

Au microscope :

Argile fine avec anthracite irrégulièrement réparti et courtes lamelles de séricite, passant çà et là à un schiste quartzeux fin. Là-dedans, galets quartzeux de toute forme et de toute dimension, pour la plupart recristallisés, souvent formés de plusieurs plages (quartzites), quelques-uns ayant encore un contour nettement arrondi. *Beaucoup de galets de feldspaths*, plus ou moins brisés, ayant parfois de grandes dimensions. Ces galets sont arrondis sur les bords et enveloppés d'une chemise de séricite secondaire. Ils appartiennent presque tous à l'oligoclase. Ils ne proviennent ni de la granulite, ni des gneiss ; ils ont au contraire *tous les caractères des feldspaths des orthophyres.* Quelques grandes lamelles de séricite, développées *in situ*, en plein schiste. Un peu de chlorite dans les chemises qui entourent les feldspaths.

En résumé : aspect détritique incontestable ; beaucoup de galets feldspathiques arrachés à des coulées orthophyriques ; développement secondaire de quartz, chlorite et séricite.

A. 225. *Poudingue. Mine de l'Herpie.*

A l'œil nu :

Poudingue feldspathique à ciment chloriteux.

Au microscope :

Poudingue de gros galets feldspathiques kaolinisés et de feuilles de chlorite froissées et déchiquetées. Dans les interstices, schiste quartzeux. La chlorite est nettement détritique. On en voit des lamelles incluses dans les feldspaths. Ceux-ci proviennent de la granulite.

A. 228. *Schiste satiné, rive gauche du petit ravin entre le grand ravin du lac Blanc et la mine de l'Herpie.*

A l'œil nu :

Schiste argenté, très fissile, à feuillets translucides.

[1] Les numéros renvoient à la collection micrographique de l'École des Mines de Saint-Étienne.

Au microscope :

Schiste fin à séricite courte englobant des galets recristallisés de quartz (contours très chevelus) et quelques grenats brisés. A rapprocher, comme texture, de certains schistes permiens de la Vanoise.

A. 254. *Grès schisteux, cirque du grand-Sauvage, sous les lacs.*

A l'œil nu :

Schiste d'un vert grisâtre, avec petits galets. Aspect peu métamorphique.

Au microscope :

Galets de toute espèce, quartz, schiste, feldspath, orthophyre, chlorite, etc, nettement arrondis et limités. Ils sont entourés par un schiste argileux très fin plein de séricite (ou de kaolinite) extrêmement courte. Un peu de calcite. Métamorphisme général, mais peu intense.

A. 267. *Schiste noir, glacier des Rousses, au-dessus du lac de Balme Rousse.*

Au microscope :

Schiste fin, *charbonneux*, très métamorphique. Quartz entièrement cristallisé. Pas de feldspaths. Séricite très courte uniformément répartie.

A. 270. *Poudingue, versant Est du Château-Noir.*

A l'œil nu :

Ciment schisteux d'un noir verdâtre luisant, avec galets ; grandes lamelles de séricite.

Au microscope.

Toute espèce de galets, englobés dans une argile uniformément sériciteuse. Grandes plages de mica blanc probablement secondaire.

A. 275. *Grès, bord Est du synclinal des Granges Veyrat, près le Chateau-Noir.*

A l'œil nu :

Grès fortement comprimé, d'aspect très cristallin. Grandes lamelles de séricite. Peut se confondre de prime abord avec un micaschiste.

Au microscope :

Type parfait du Houiller très métamorphique. Grès à galets de quartz partiellement recristallisés, avec quelques galets de gneiss et de feldspath. Ciment argileux, où s'est developpée, par places, une séricite très longue (la longueur des fibres dépasse un millimètre). Cette séricite *enveloppe* les galets. *Charbon* et produits ferrugineux. Quelques zircons. Quelques plages d'apatite.

Toute la crête déchiquetée qui sépare le cirque des Granges Veyrat (où se rassemblent les eaux du glacier de Sarenne), du col et du ravin sis immédiatement à l'Ouest du Château-Noir, est composée de grès analogues.

A. 276. *Schiste satiné, au-dessus de Clavans d'en-haut.*

A l'œil nu :

Schiste vert clair. Aspect de schiste cambrien, ou encore aspect d'orthophyre laminé. Joints rouillés.

Au microscope :

Métamorphisme peu intense. Schiste argileux extrêmement fin, un peu calcarifère. Quartz grenu. Charbon et produits ferrugineux. Veines de quartz grossier. Séricite rare et très courte.

A. 285. *Poudingue, route de Vaujany à la Villette.*

A l'œil nu :

Gros galets de quartz blanc enclavés dans un schiste satiné vert. Certains de ces galets sont sectionnés par le laminage.

Au microscope :

Roche très intéressante, rappelant beaucoup certains types permiens de la Vanoise. Galets de quartzite. Pyrite, rutile, ilménite, zircon, et surtout *tourmaline* en petites aiguilles ; ce dernier minéral est certainement développé *in situ*. Le schiste lui-même est un feutrage de séricite assez longue, avec quelques nids de chlorite.

A. 321 et 322. *Grès, rive droite de la Sarenne, à l'Ouest des Granges Veyrat, au milieu des poudingues.*

A l'œil nu :

Aspect de gneiss très fin ou de leptynite, sauf qu'on ne voit pas de phyllite discernable.

Au microscope :

Bandes quartzeuses recristallisées, souvent froissées et sectionnées par le laminage. Bandes micacées, riches en zircons et produits ferrugineux, avec développement *in situ* de séricite et de *mica noir*. Bandes feldspathiques, composées d'un enchevêtrement de galets feldspathiques froissés et écrasés, avec quartz secondaires dans les interstices et les fissures. L'aspect général est encore nettement détritique, et rappelle celui des arkoses triasiques du Prarion, récemment décrites par M. Michel-Lévy [1].

A. 333. *Schiste satiné, route de Vaujany à la Villette.*

A l'œil nu :

Schiste gris noir, fissile, à clivages luisants. Aspect peu cristallin.

Au microscope :

Roche très homogène. Oligiste, ilménite, *tourmaline* et quartz : tous ces minéraux très fins. Séricite rare et très courte.

Cet échantillon provient du même gisement que celui décrit ci-dessus sous le numéro A. 285. L'un et l'autre rappellent les schistes archéens qui forment le versant Nord du col du Sabot. Il n'est pas impossible que l'on soit conduit plus tard à rapporter à l'Archéen tout le lambeau de schistes satinés de Vaujany, lambeau que nous attribuons provisoirement au Houiller.

[1]. Michel-Lévy. *Note sur la prolong. vers le Sud de la chaine des Aiguilles-Rouges*, p. 29.

A. 312 et 342. *Poudingues, rive droite du glacier de St-Sorlin.*

Aspect microscopique de poudingue houiller. Les galets de granulite prédominent. Dans le ciment, plages assez développées de mica blanc.

Au microscope :

Poudingue peu métamorphique Galets de toute espèce : quartz, quartzite, schiste, orthophyre, gneiss, granulite, zircon, tourmaline. Ces galets ne sont point recristallisés. Autour d'eux, chemises de séricite et de *leverriérite*, celle-ci remarquablement abondante et largement cristallisée. Cette leverriérite est brune ; son polychroïsme est assez intense. Les autres caractères sont ceux que nous avons décrits quand nous avons défini ce minéral [1]. La séricite domine autour des feldspaths, la leverriérite autour des quartz. L'une et l'autre sont certainement développées *in situ*.

Ce développement de leverriérite par dynamométamorphisme, inconnu jusqu'ici, semble d'ailleurs exceptionnel dans les poudingues houillers des Rousses. La plupart des poudingues du glacier de Saint-Sorlin, de même que ceux de Sarenne, n'ont donné naissance qu'à la séricite.

En revanche, c'est à la leverrierite, selon toute vraisemblance, qu'il convient de rapporter les plages vagues d'argile brunâtre cristallisée que l'on rencontre assez fréquemment dans les schistes noirs du Houiller des Grandes-Rousses, (glacier des Rousses, Granges-Veyrat).

A. 337 et 338. *Schiste, escarpement de la Croix-de-Cassini, sur Clavans-d'en-haut.*

Aspect macroscopique de schiste satiné archéen, gris verdâtre.

Au microscope :

Schiste argileux, pauvre en quartz, avec nombreux feldspaths laminés et froissés. Séricite assez courte dans le schiste, plus longue dans les cassures des felspaths et tout autour de ces derniers. Zircons. Débris de tourmaline.

La roche est probablement un tuf d'orthophyre laminé et dynamo-métamorphisé. On trouve, en effet, dans le même gisement, des bancs, macroscopiquement fort semblables, qui sont constitués par de l'orthophyre à peu près franc, fortement laminé et très chargé de séricite secondaire.

De cette série de descriptions pétrographiques, une conclusion se dégage. Le métamorphisme des dépôts houillers des Rousses n'est pas aussi intense qu'on pourrait le croire après un simple examen macroscopique.

Dans la plupart des cas, la séricite est le seul minéral qui ait pris naissance. Parfois le quartz a recristallisé ; parfois enfin il s'est produit un peu de tourmaline, un peu de leverriérite, un peu de chlorite. Mais nous ne connaissons pas un seul exemple de feldspath développé *in situ*. L'aspect au microscope est toujours éminemment détritique. Nulle part on ne voit apparaître dans les strates houillères des Rousses, ces sortes de gneiss et de micaschistes, d'un métamorphisme si profond et si étrange, qui sont la manière d'être habituelle du terrain permien dans le haut plateau de la Vanoise.

[1]. Termier. *Étude sur la leverriérite*. Annales des Mines, 1890.

# CHAPITRE V

## ORTHOPHYRES

Nous appelons *Orthophyres*, avec M. Michel Lévy[1], des roches présentant deux stades de consolidation et une texture microlitique généralement fluidale, dans lesquelles les cristaux du deuxième stade appartiennent pour la plupart à l'orthose. Ces roches sont, pour la série porphyrique ancienne, les équivalents exacts des trachytes tertiaires. Elles se distinguent toutefois des trachytes par une compacité plus grande, par l'absence presque totale du verre (soit dans la pâte, soit dans les feldspaths du premier stade), par la rareté de l'augite et du sphène, par l'abondance du zircon. Le quartz de première consolidation, si rare dans les vrais trachytes, apparaît, au moins sporadiquement, dans la plupart des orthophyres : quelques-uns contiennent, en outre, en petite quantité, du quartz contemporain du deuxième stade, et se rapprochent ainsi des microgranulites.

On sait que l'émission des orthophyres a été extrêmement abondante dans le Plateau Central, pendant la première partie de la période carbonifère. Dans le terrain anthracifère (Culm) du Roannais, les orthophyres (*porphyres noirs* de Grüner) forment des coulées puissantes, alternant avec des tufs (*grès porphyriques*) où dominent tantôt les apports éruptifs, tantôt les matériaux sédimentaires. Il en est de même dans l'Autunois, le Charollais, le Morvan. De nombreux filons des mêmes roches percent le granite, les gneiss, les micaschistes ou l'Archéen. La venue orthophyrique a d'ailleurs, sur quelques points, continué jusqu'à la fin du Houiller. Nous avons signalé, il y a quelques années, l'intercalation d'une nappe d'orthophyre dans les assises les plus élevées du

[1] Michel-Lévy, *Structures et classification des roches éruptives*, p. 42 et 88. Dans la *Minéralogie micrographique*, de MM. Fouqué et Michel-Lévy, les roches en question sont encore désignées sous l'ancien nom de *Porphyres syénitiques*. M. Rosenbusch fait rentrer dans les *Dioritporphyrites* tous les orthophyres filoniens, et il réserve le nom d'*Orthophyres* aux porphyres d'épanchements dépourvus de quartz et riches en biotite, amphibole ou pyroxène. Les orthophyres des Grandes-Rousses, où les minéraux magnésiens sont rares, et où abondent les cristaux anciens de feldspath, se rapportent assez bien aux *rhombenporphyres*, ou encore à certains *Kératophyres*, de M. Rosenbusch (Rosenbusch. *Mikroskopische Physiographie der massigen Gesteine*. 2e édit., Stuttgard, 1887, passim).

Houiller du Gard[1]. Mais, d'une façon générale, on peut dire que les orthophyres du Plateau Central sont de l'âge du Culm.

On ne pouvait donc guère s'attendre à rencontrer ces roches dans les bassins houillers des Alpes, autrement qu'à l'état sporadique. Notre étonnement a été grand, quand nous avons constaté, au cours de notre campagne de 1892, que les orthophyres jouent dans la constitution du synclinal houiller oriental des Grandes-Rousses un rôle comparable à celui qu'ils jouent dans la constitution du bassin anthracifère roannais. Au Château-Noir, sur l'Alpe de Sarenne, l'épaisseur de la bande orthophyrique atteint cinq cents mètres Au col de la Croix-de-Fer, les coulées empilées les unes sur les autres ont une puissance totale de plus de mille mètres; et comme elles sont relevées en anticlinal (voir coupe n° 1, planche I), le chemin muletier les traverse sur plus de deux kilomètres de largeur.

Il est étonnant qu'avec un pareil développement, les orthophyres des Rousses n'aient pas attiré davantage l'attention des géologues qui nous ont précédé. Les collections d'histoire naturelle de Grenoble renferment bien quelques échantillons d'orthophyre de la Croix-de-Fer désignés, sur l'étiquette, comme *roche éruptive dans le houiller*. Mais aucun auteur n'a soupçonné l'importance vraiment exceptionnelle de cette venue éruptive, et même l'existence des roches en question n'a été signalée dans aucune publication. Le fait est d'autant plus extraordinaire que le col de la Croix-de-Fer, où les nappes éruptives ont le maximum d'épaisseur, est un des plus fréquentés des Alpes, et que la roche y prend une teinte vert-bleuâtre, qu'elle n'a nulle part ailleurs au même degré. La *pierre bleue* est bien connue des montagnards de la vallée d'Arves. Ils en recherchent avec soin les beaux blocs, soit dans les torrents, soit dans les placages glaciaires accrochés aux flancs de la vallée; et ils en extraient des pierres de taille fort estimées pour escaliers, appuis et encadrements de fenêtres, pierres foyères, croix, etc... Il est vrai que les nappes, fortement redressées et devenues schisteuses, ont de loin l'aspect de chloritoschistes. La crête qui domine à l'Ouest les pâturages de la Balme est abrupte et dentelée à l'instar d'une arête faite de roches primitives; et personne ne pourrait deviner, en la voyant de loin, sa véritable nature.

Le caractère *éruptif* est plus aisément reconnaissable dans les roches du Château-Noir, au-dessus de Sarenne; mais ce gisement, sans être d'un accès difficile, est en dehors des chemins fréquentés. Quant aux bancs orthophyriques qui affleurent, dans la vallée de la Romanche, sur la route nationale, à 300 mètres environ en amont du Freney, ils sont, depuis bien des années, exploités pour l'empierrement de la route, sans que l'on ait jamais soupçonné leur véritable nature. On les a toujours pris pour des schistes talqueux ou des chloritoschistes.

[1] Termier, *Sur trois roches éruptives interstratifiées dans le terrain houiller du Gard*. Bull. Soc. Géolog. de France. 3e série, t. XVI, p. 617.

## DESCRIPTION PÉTROGRAPHIQUE

**Caractères macroscopiques.** — Les orthophyres des Grandes-Rousses sont des roches d'un vert clair (Château-Noir) ou d'un vert bleuâtre (Croix-de-Fer). Les variétés schisteuses ont, sur le clivage ardoisier, une teinte grise ou vert-foncé due au développement, par dynamo-métamorphisme, de produits chloriteux, argileux ou serpentineux. L'aspect est alors celui d'un schiste satiné à chlorite ou séricite (Le Freney); mais il est rare qu'en cassant l'échantillon on n'observe pas, *sur la tranche*, la couleur claire caractéristique de la roche. La poussière est grise ou gris-verdâtre. Dans certains bancs (arète 2939 au Nord du Château-Noir, arète à l'Ouest des granges de la Balme), la roche prend, par altération superficielle, une teinte violacée lie-de-vin.

En regardant la cassure fraîche d'un échantillon suffisamment massif, on songe invinciblement aux phonolites. C'est la même compacité de la pâte, le même éclat cireux, la même cassure esquilleuse, la même translucidité. L'analogie de faciès se poursuit, en général, dans l'aspect des feldspaths de première consolidation : ils sont blancs ou hyalins, en individus peu volumineux (rarement plus de 2 ou 3 millimètres de longueur), nettement allongés, présentant des lamelles brillantes souvent striées. Mais, tandis que la plupart des phonolites montrent à l'œil nu des cristaux nets de pyroxène, les orthophyres ne présentent à l'examen macroscopique, en fait de minéraux magnésiens, que de très petites taches d'un vert foncé. Le microscope nous apprendra tout à l'heure que chacune de ces taches est un petit cristal de mica noir. Dans certaines variétés (arète 2939), les feldspaths de première consolidation ont une teinte rose.

La roche contient fréquemment des débris de chloritoschistes ou de schistes à séricite, de grès houiller, plus rarement de granulite ou de gneiss. Ces enclaves apparaissent dans les coulées les plus massives. Aux nappes d'orthophyres s'associent parfois des bancs épais de *conglomérats orthophyriques*, où des galets de toute nature et de toute dimension sont mêlés à des cailloux roulés de la roche éruptive, et noyés dans un ciment gréseux rempli de débris feldspathiques. Ces conglomérats sont analogues aux *grès porphyriques*, de la Loire et à certains conglomérats trachytiques et andésitiques des volcans pliocènes du Plateau Central. Le plus souvent, ce ne sont pas de véritables *tufs*. Les matériaux provenant de projections volcaniques y sont mêlés à des apports nettement torrentiels.

**Caractères microscopiques et chimiques.** — D'une façon générale, les orthophyres des Grandes-Rousses sont des roches extrêmement feldspathiques, ne renfermant, en fait de minéraux magnésiens, qu'un peu de mica noir. Le quartz de première consolidation y est rare, encore bien qu'on le rencontre, à l'état sporadique, dans beaucoup de coulées. Le quartz du deuxième stade est peu abondant, sauf dans certaines variétés qui passent nettement au type *Kersantite*. Les feldspaths dominants sont orthose et anorthose. Ces deux espèces forment la plus grande partie de la pâte microlitique. Dans les cristaux du premier stade, l'oligoclase est fréquent, tandis que le labrador est exceptionnel. Les minéraux accessoires sont surtout le zircon et l'apatite. Le fer oxydulé, le fer titané, le sphène, généralement peu répandus, prennent une certaine importance dans quelques échantillons.

On peut distinguer trois types autour desquels viennent se grouper toutes les variétés que nous connaissons.

1° Type A, défini par la formule[1]

$$\mathrm{II}\mu. - \overline{\mathrm{F}_{1\cdot3\cdot6}\ \underline{l_2 t_1 a_2 a_1 q}}$$

La roche se réduit essentiellement à un fouillis d'aiguilles feldspathiques, à fluidalité peu sensible. Le quartz est rare. Dans le deuxième stade, il apparait sporadiquement sous la forme de petites plages moulant les microlites d'orthose ou d'anorthose. Dans les interstices de ces microlites, on observe, avec d'assez nombreux grains de fer oxydulé, une matière verdâtre isotrope, résultant peut-être de la décomposition de minéraux magnésiens. L'apatite et le zircon sont moins abondants que dans les autres types. Dans la pâte les microlites nettement tricliniques sont exceptionnels; mais beaucoup ont les caractères intermédiaires de l'anorthose. Les cristaux du premier stade, peu volumineux, sont d'oligoclase, d'orthose et d'anorthose, très rarement de labrador. Ces cristaux ont rarement plus d'un millimètre de longueur; les microlites ont fréquemment une longueur d'un quart ou d'un tiers de millimètre. Il y a donc, au point de vue des dimensions, peu de différence entre les feldspaths des deux stades. La texture, dans certains échantillons, tend vers le type ophitique.

C'est à ce type A qu'appartiennent les galets d'orthophyre englobés par les coulées orthophyriques au voisinage du point 2939[2] (Château-Noir). Ces galets, généralement fort altérés, ont une teinte brune qui contraste avec la couleur claire de la roche ambiante. Le microscope décèle un grand nombre de galets analogues dans les coulées tufacées du Château-Noir et du Freney. L'extrême décomposition du feldspath de la plupart de ces galets nous a d'abord induit en erreur, et nous avons cru y voir des débris de porphyrites labradoriques. C'est pour cela que, dans les deux notes présentées par nous à l'Académie des Sciences touchant les orthophyres des Rousses, nous parlons d'une venue porphyritique antérieure à la venue des orthophyres (Comptes-Rendus de l'Académie des Sciences, 1893).

Il semble donc que le type A soit plus ancien que les autres. Nous le connais-

[1] Notations de M. Michel-Lévy, *Structure et classification des roches éruptives*.

[2] Petit col au Nord de ce point, un peu à droite de l's final du mot *Rousses* (Etat-Major). La carte est très fautive dans cette région. On accède facilement à ce col, soit par la combe des Granges-Veyrat, soit en traversant la crête 2939. L'altitude est d'environ 2850 m.

sons *in situ* sur les flancs de la montagne de la Croix-de-Cassini, au-dessus de Sarenne, dans les nappes peu épaisses intercalées dans le Houiller du Grand-Sauvage, enfin dans certaines coulées de la région comprise entre les granges de la Balme et le glacier de Saint-Sorlin[1].

L'analyse chimique[2] de deux échantillons du type A a donné les résultats suivants :

| | 1. | 2. |
|---|---|---|
| Silice | 62.3 | 63.4 |
| Alumine | 14.1 | 17.9 |
| Sesquioxyde de fer | 8.2 | 8.4 |
| Protoxyde de manganèse | Traces. | Traces. |
| Chaux | 1.3 | 1.02 |
| Magnésie | 3.4 | 1.4 |
| Potasse | 3.5 | 4.2 |
| Soude | 4.4 | 3.96 |
| Perte par calcination | 2.2 | 0.72 |
| Total | 99.40 | 101.00 |

L'échantillon 1 (A. 343) provient d'un point situé entre les granges de la Balme et le glacier de Saint-Sorlin ; l'échantillon 2 (A. 255) a été prélevé sur un galet contenu dans les coulées du col au Nord du point 2939 (Château-Noir). Dans les deux échantillons, les teneurs respectives en potasse, soude et chaux, indiquent la prédominance de l'anorthose sur les autres feldspaths. La magnésie est donnée par la substance verte isotrope (serpentine?) qui remplit, plus ou moins abondamment, les interstices des microlites feldspathiques.

2° Type B, défini par la formule

$$H\mu\gamma. - \overline{F_{1\cdot2\cdot5\cdot6\cdot7}\ MP_4 t_2} \underline{t_1 a_2 a_1 q}$$

La structure est intermédiaire entre celle des orthophyres purement microlitiques et celle des kersantites à pâte microgranulitique. Le quartz est très rare dans le premier stade. L'apatite et le zircon, extrêmement abondants, l'emportent de beaucoup sur les autres éléments accessoires. Le pyroxène (augite) est exceptionnel : nous ne l'avons découvert qu'au Château-Noir. Le mica noir, souvent chloritisé, souvent épigénisé par le fer oxydulé ou le fer titané, et transformé partiellement en mica blanc, est assez répandu : les cristaux ont fréquemment un millimètre et plus de longueur. Dans beaucoup d'échantillons, ce minerai est complètement décomposé, et il n'en reste que des sections informes, pleines de produits ferrugineux ou serpentineux mal définis. Il semble que cette décomposition du mica soit plus habituelle et plus complète dans les roches de la partie Nord des Rousses que dans celles du Château-Noir.

[1] *Collections de l'Ecole des Mines de Saint-Etienne*, plaques A. 255, 256, 262, 268, 343.

[2] Toutes les analyses ont été faites au Bureau d'Essais de l'Ecole des Mines de Saint-Etienne, par M. Fabre, préparateur, sous la direction de M. Lebreton.

Le labrador est exceptionnel. L'oligoclase, très fréquent dans le premier stade, est rare dans la pâte. L'anorthose semble l'emporter sur l'orthose, du moins dans les anciens cristaux. La pâte, à peine fluidale, est formée d'un mélange de microlites monocliniques, assez allongés, de très petites dimensions, et de plages irrégulières d'orthose, constituant une sorte de feutrage. Des plages nuageuses de quartz apparaissent fréquemment au sein de ce feutrage : elles sont presque toujours assez éloignées les unes des autres ; plus rarement elles se rapprochent au point de constituer, avec l'orthose, une sorte de microgranulite.

C'est à ce type qu'il faut rattacher la plupart des orthophyres de la région du Château-Noir (Château-Noir, crête 2939, crêtes au-dessus du lac du Cerisier[1]), ceux du Freney, ceux du glacier de Saint-Sorlin. On le rencontre encore entre ce glacier et les granges de la Balme, mais les roches passent peu à peu au type C, au fur et à mesure que l'on marche vers le Nord.

Voici quatre analyses de ces orthophyres du type B. L'échantillon 1 (A. 218), provient du Château-Noir ; 2 (A. 245), de la carrière en amont du Freney; 3 (A. 252), du Château-Noir; 4 (A. 316), de la crête 2725, au Nord du lac du Cerisier.

| | 1. | 2. | 3. | 4. |
|---|---|---|---|---|
| Silice.................... | 62.06 | 61.07 | 59.50 | 62.30 |
| Alumine.................. | 13.70 | 11.80 | 11.80 | 15.70 |
| Sesquioxyde de fer........ | 8.90 | 13.10 | 13.10 | 6.70 |
| Protoxyde de manganèse... | Traces. | Traces. | Traces. | Traces. |
| Chaux.................... | 1.05 | 1.99 | 2.20 | 2.10 |
| Magnésie................. | 1.40 | 1.90 | 2.70 | 3.10 |
| Potasse.................. | 6.00 | 5.50 | 4.32 | 4.21 |
| Soude.................... | 5.19 | 2.80 | 3.96 | 3.77 |
| Perte par calcination...... | 1.41 | 1.60 | 1.55 | 1.30 |
| Total........ | 99.71 | 99.76 | 99.13 | 99.18 |

La teneur en potasse est un peu plus forte que dans le type A. La teneur en fer est assez variable, par suite de l'existence, dans certains échantillons, de nombreux grains de pyrite.

3° Type C, défini par la formule

$$II\gamma. — \overline{F_{1.2.5.6.7}\, M t_1 a_2 \alpha_1 q}$$

La structure est franchement microgranulitique, sans aucun indice de fluidité. Les microlites (orthose) sont rares. La pâte est une mosaïque de très petites plages d'orthose et de plages irrégulières de quartz. La roche pourrait donc s'appeler *Kersantite*, si elle ne se reliait aux orthophyres du type B par toute espèce de passages.

[1] On nomme ainsi le petit lac à demi desséché qui se trouve exactement au Sud du point 2725 (Etat-Major).

[2] *Collections de l'Ecole des Mines de Saint-Etienne*, plaques A 218, 237, 243, 245, **252, 257, 293, 316, 323.**

Les produits ferrugineux sont rares (fer oxydulé, fer titané, pyrite). Le fer titané est concentré, de préférence, dans les micas noirs, avec un peu de sphène. L'apatite et le zircon sont très fréquents. Le mica noir est presque toujours très décomposé (chlorite, séricite, produits ferrugineux). Dans certains échantillons, il est même entièrement résorbé. Quand la décomposition est incomplète, le mica prend une couleur, un polychroïsme et une biréfringence qui rappellent l'amphibole : mais l'extinction se fait toujours rigoureusement à zéro, et la plupart des sections ont conservé l'uniaxie. Nulle part, nous n'avons constaté d'une façon certaine la présence de l'amphibole.

Le quartz est rare dans le premier stade. Les grands cristaux sont d'oligoclase, d'anorthose et d'orthose. Ils sont très fréquemment kaolinisés. La kaolinisation envahit souvent la roche entière.

Ce type C est celui des roches du col de la Croix-de-Fer. Il se poursuit, au Nord, jusqu'à la limite extrême de la formation éruptive. Vers le Sud, du côté des pâturages de la Balme, il passe *insensiblement* au type B.

Voici trois analyses de ces Kersantites. Les deux premiers échantillons proviennent du col de la Croix-de-Fer[1] ; le troisième a été pris sur l'arète qui domine à l'Ouest les granges de la Balme[2].

| | 1. | 2. | 3. |
|---|---|---|---|
| Silice | 66.04 | 67.50 | 66.30 |
| Alumine | 13.30 | 14.50 | 15.30 |
| Sesquioxyde de fer | 8.40 | 7.00 | 5.40 |
| Protoxyde de manganèse | Traces. | Traces. | Traces. |
| Chaux | 1.60 | 1.10 | 0.90 |
| Magnésie | 2.20 | 2.30 | 2.60 |
| Potasse | 4.70 | 3.38 | 4.60 |
| Soude | 3.40 | 3.38 | 2.80 |
| Perte par calcination | 1.10 | 1.60 | 1.20 |
| Total | 100.74 | 100.76 | 99.10 |

On voit que le type C ne diffère guère du type B, au point de vue chimique, que par une teneur un peu plus forte en silice, résultant d'une plus grande abondance du quartz dans le magma de seconde consolidation.

Le type A semble avoir une individualité propre. On ne trouve pas de passa-

[1] *Collections de l'Ecole des Mines de Saint-Etienne*, plaques A. 289 et 345.

[2] *Id.* *Id.* plaques A. 293. Il convient de rapprocher de ces *orthophyres-kersantites* du col de la Croix-de-Fer, la roche éruptive signalée par M. Kilian dans le Houiller du Mont-Thabor (*Comptes-rendus de l'Académie des Sciences*, 1893). Cette roche, dont M. Kilian a bien voulu nous remettre un échantillon, est une *kersantite à amphibole*. Sa couleur, d'un blanc verdâtre, est plus claire que celle des orthophyres des Rousses. Les feldspaths de première consolidation y sont plus grands. Elle diffère nettement des roches du col de la Croix-de-Fer : 1° par l'absence du zircon et de l'apatite ; 2° par la présence de l'amphibole, ce minéral remplaçant complètement le mica noir ; 3° par l'abondance du sphène. Mais la pâte de la kersantite du Thabor est *identique* à celle de beaucoup de roches du type C des Grandes-Rousses.

ges de ce type au type B. Celui-ci, qui est le type normal de l'orthophyre des Rousses, passe au contraire au type C par gradations insensibles.

Nous ajouterons à cette étude analytique quelques indications générales sur la manière d'être des principaux minéraux contenus dans les orthophyres des Grandes-Rousses. Les caractères que nous allons esquisser sont les mêmes dans les roches des trois types ci-dessus définis.

Nous avons dit que le quartz de première consolidation est rare, assez rare pour que nous n'ayons pas cru pouvoir le faire figurer dans les formules. Quand on le rencontre, ce quartz se présente toujours sous la forme de cristaux arrondis, fortement usés, parfois profondément corrodés. Il n'est pas douteux que la pâte, encore fluide, n'ait réagi chimiquement sur lui.

Les feldspaths ne présentent aucune particularité. Ils sont rarement zonés. On n'y constate pas, ou du moins très peu, d'inclusions vitreuses. Ils contiennent fréquemment de l'apatite, du zircon, du fer oxydulé, plus rarement du mica noir. Les cristaux d'orthose et d'anorthose sont habituellement maclés suivant la loi de Carlsbad. L'oligoclase présente la màcle de l'albite, plus rarement celle du péricline.

Le zircon, très répandu, se montre tantôt sous la forme de grains arrondis, globuliformes, tantôt sous celle de prismes bien définis, terminés par des octaèdres peu nets. La longueur atteint fréquemment un dixième de millimètre.

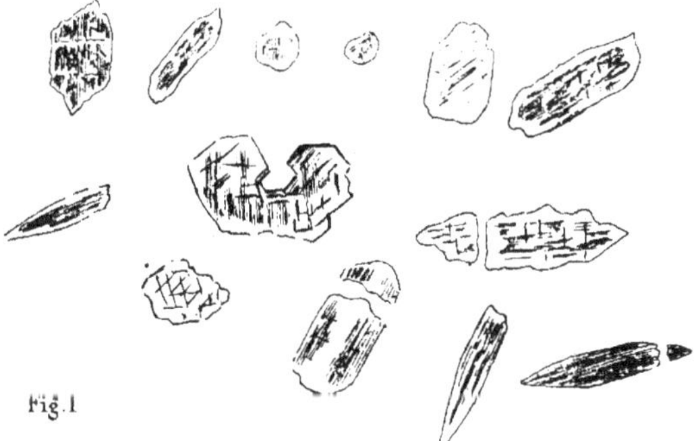


Fig. 1. — Cristaux d'apatite dans les orthophyres du Château-Noir (grossissement : 400 diamètres).

L'apatite, remarquablement abondante, est quelquefois limpide (col de la Croix-de-Fer). Presque toujours, elle est chargée d'inclusions noires ou rouges, au point de devenir à peu près opaque (Château-Noir). Les inclusions noires sont des grains et des baguettes *opaques*, de très petites dimensions, accumulés dans des fentes parallèles aux faces $m$ du prisme hexagonal. On en voit aussi dans les fentes parallèles à la base $p$ ou aux faces d'un isocéloèdre, mais les premières sont plus abondantes. La répartition de ces inclusions dans le cristal est fort irrégulière (fig. 1). Les bords des sections en sont généralement dépourvus. Leur nature est inconnue, mais, d'après leur forme, nous les rapporterions volontiers au fer titané. Les inclusions rouges sont *transparentes*, d'une belle teinte orangée. Elles sont placées comme les inclusions noires, et souvent mélangées avec elles. Ce sont, en général, de petits globules allongés, ayant leurs grands axes sensiblement parallèles au plan de la fente qui est leur lieu d'élection et parallèles entre eux. Cette matière rouge semble tout à fait dépourvue de polychroïsme. Elle paraît isotrope, ou presque isotrope. Les différents globules rouges d'une même section d'apatite, bien que diversement orientés, sont tous éteints en même temps que l'apatite. Ce caractère ne permet pas de supposer que ces globules appartiennent à l'oligiste.

Quant les inclusions noires sont très nombreuses, l'apatite ambiante prend une teinte d'un brun noirâtre. La partie ainsi colorée n'a pas de contour net. Elle passe insensiblement à l'apatite limpide, par affaiblissement graduel de la teinte. Quel que soit le grossissement, cette teinte ne peut se résoudre en un amas de points noirs. Elle n'est donc pas due à des inclusions ultra-microscopiques : c'est une coloration intime du phosphate de chaux. Les plages d'apatite ainsi colorées en brun noir *présentent un polychroïsme marqué*. Quant l'axe du prisme est parallèle à la vibration du polariseur, la teinte noire passe par un maximum d'intensité : la coloration passe au brun jaunâtre, lorsque l'axe du prisme est perpendiculaire à cette même vibration.

De même, l'apatite se colore en rouge au voisinage des amas importants d'inclusions rouges. Mais les régions ainsi rubéfiées ne sont pas polychroïques. Aussi tendons-nous à considérer cette rubéfaction comme produite simplement par une poussière excessivement fine de très petites inclusions rouges.

Assez fréquemment, les inclusions noires et les inclusions rouges coexistent dans le même prisme. Ce prisme est alors teinté de rouge et de noir. La teinte noire masque à peu près complètement la teinte rouge, lorsque l'axe du prisme est parallèle à la vibration du polariseur. Dans la position rectangulaire, la teinte noire disparaît en grande partie, et le prisme devient rouge.

Les cristaux d'apatite qui présentent ces singuliers phénomènes ont des dimensions très variables. La plupart ne dépassent pas un dixième de millimètre, mais quelques-uns atteignent la longueur d'un demi-millimètre; ils seraient visibles à l'œil nu, si la couleur ou l'éclat les faisaient ressortir sur le fond de la pâte.

**Tufs d'orthophyre**. — Outre les conglomérats orthophyriques dont nous avons parlé, où des apports torrentiels de toute espèce se mêlent aux débris éruptifs plus ou moins roulés et charriés, on rencontre, dans la formation éruptive du Houiller des Grandes-Rousses, des couches de véritables tufs, vraisemblablement formées par des projections volcaniques cendreuses.

Ces tufs ont un aspect macroscopique peu différent de celui des orthophyres. Sous l'influence du dynamo-métamorphisme, ils se transforment, plus aisément que les roches éruptives franches, en schistes satinés grisâtres ou verdâtres, difficiles à distinguer des schistes houillers ou archéens.

Au microscope, on y voit[1], dans une argile isotrope, des traînées quartzeuses et des galets de quartz frangés, quelques cristaux de zircon et d'apatite, de la pyrite, du mica noir, et enfin des feldspaths, plus ou moins nombreux, de grande taille, presque toujours fortement kaolinisés. Ces feldspaths sont parfois cassés, mais ils ne sont pas roulés. Le mica noir se présente en piles déchirées et dispersées : il est généralement envahi par les produits ferrugineux et serpentineux. Dans l'argile isotrope qui constitue le fond même de la roche, le dynamo-métamorphisme a fréquemment développé de la kaolinite et du mica blanc.

Les tufs d'orthophyre abondent dans la région du Château-Noir, surtout au voisinage du point 2939. On les retrouve sur le flanc oriental de la Croix-de-Cassini, au dessus de Clavans, sous la forme de schistes à l'aspect archéen. Dans ces schistes, le laminage a fréquemment tronçonné les feldspaths, comme il a fait les bélemnites dans les marnes du Lias : les intervalles entre les tronçons sont remplis de mica blanc. La transformation de la pâte a parfois été suffisante pour régénérer du mica noir.

D'autres tufs, également métamorphiques, s'observent dans les ravins situés à l'Ouest de la mine de l'Herpie. Ainsi que nous l'avons dit plus haut, ils font partie d'un petit synclinal houiller distinct de celui de l'Herpie, et qui semble finir en pointe au voisinage du lac Blanc.

Dans le Nord des Rousses, au glacier de St-Sorlin, aux granges de la Balme, au col de la Croix-de-Fer, les tufs ne paraissent pas avoir un grand développement. Les coulées massives prennent des épaisseurs vraiment formidables, et alternent avec des conglomérats orthophyriques sans interposition de cinérites.

**Distribution et gisement des orthophyres.** — La distribution des roches éruptives dans le terrain houiller du versant Est des Grandes-Rousses est très loin d'être régulière. Au Freney, dans la montagne de la Croix-de-Cassini, dans la combe des Granges-Veyrat, les orthophyres n'apparaissent que rarement, sous la forme de nappes peu épaisses et peu étendues, interstratifiées dans les grès et les schistes. Ces coulées sont fréquemment tufacées et contiennent beaucoup de débris de toute sorte.

C'est au-dessus de l'Alpe de Sarenne que les éruptions deviennent importantes. Le rocher escarpé qui porte le nom de Château-Noir est constitué par une nappe d'orthophyre franc, redressée presque jusqu'à la verticale, et puissante d'environ 300 mètres. Cette nappe se poursuit vers le Sud jusqu'à la vallée de la Sarenne. Vers le Nord-Est, elle va s'amincissant graduellement, entre des conglomérats orthophyriques qui la surmontent du côté de l'Est (bientôt surmontés eux-mêmes de poudingues du type ordinaire), et une bande de Trias (cargneules) qui la flanque au Nord-Ouest. Au delà de ce synclinal de cargneules, les roches éruptives reparaissent, alternant avec des tufs et des conglomérats. Ce complexe n'a pas moins de 700 mètres d'épaisseur, au sommet coté 2939. Mais

[1] *Collection de l'Ecole des Mines de Saint-Etienne*, plaques A. 231, 233, 299, 300.

la largeur de la bande éruptive diminue rapidement, quand on marche en direction. Vers le Sud-Ouest, elle s'oblitère très vite et passe à des poudingues métamorphiques. Vers le Nord-Est, elle se réduit à quelques bancs peu épais de lave massive que l'on peut suivre jusqu'à la moraine du glacier du Grand-Sablat. Dans le cirque désolé situé immédiatement au Sud du point 2725 (lac du Cerisier), un anticlinal de gneiss archéens apparaît au milieu des strates houillères. A l'Est de cet anticlinal, les orthophyres se montrent encore, prolongeant sans doute ceux du Château-Noir : leurs bancs, mêlés de nappes tufacées et de conglomérats, sont fort épais au Sud du lac ; ils se réduisent à peu de chose au voisinage immédiat du point 2725.

Quand on a dépassé, en marchant vers le Nord, la vallée où descend le glacier du Grand-Sablat, on ne rencontre plus que fort peu d'orthophyres. Sur le plateau où coule le ruisseau des Malatres, plateau formé de poudingues houillers verticaux, on voit affleurer quelques nappes de lave, interstratifiées dans des conglomérats orthophyriques. La plus importante de ces nappes mesure environ 100 mètres d'épaisseur, et affleure sur une étendue d'un kilomètre.

Dans le massif du Grand-Sauvage, les orthophyres sont encore plus rares. Nous n'y connaissons qu'un seul banc de nature éruptive, formé d'une lave du type A, tantôt massive, tantôt tufacée, le plus souvent laminée et schisteuse. Ce banc est interstratifié dans les grès et les schistes, à peu de distance du contact entre le Houiller et le Lias. On l'observe bien sur la crête qui forme le fond de la vallée du Ferrand, ou encore dans le ravin du Grand-Sauvage, en dessous des petits lacs.

Vers la base du glacier de Saint-Sorlin, au pied de la chaîne des Arènes, les orthophyres reparaissent en bancs nombreux, de plus en plus épais au fur et à mesure que l'on marche vers le Nord. Peu à peu, ils prennent la prépondérance. Par le travers du lac Blanc, sur les 1800 mètres de largeur totale de la bande houillère, près de 1000 appartiennent aux affleurements orthophyriques. Ceux-ci sont concentrés sur le bord Est du terrain houiller, où ils forment une zone à peu près continue, interrompue seulement çà et là par des bancs de conglomérats où abondent encore les matériaux éruptifs. Sur le bord Ouest, tout contre les schistes archéens, on observe une autre bande de lave, mais épaisse seulement de quelques mètres.

Entre cette dernière bande et les affleurements éruptifs de l'Est, le terrain houiller se compose de poudingues et de grès, avec quelques rares intercalations de schistes noirs. Ces couches sédimentaires, de même que les nappes éruptives, sont dirigées vers le Nord, et plongent très fortement vers l'Est.

A peu de distance au Nord du point 2690, par le travers du Grand Lac, les sédiments houillers sont graduellement remplacés par des nappes éruptives ou des conglomérats orthophyriques. Y a-t-il passage latéral d'un faciès à l'autre ? Ou bien la zone des grès et poudingues finit-elle en coin, comme si elle n'était qu'un anticlinal ou un synclinal au milieu des orthophyres ? C'est ce qu'il est malaisé de décider, les blocs d'orthophyres éboulés de la crête couvrant la majeure partie des affleurements.

Aux granges de la Balme, les poudingues, les grès et les schistes ont complètement disparu. De là jusqu'à la Pointe de l'Ouillon, où la bande houillère se cache sous le Trias et le Lias, sur une longueur de près de 4 kilomètres, tout est orthophyre massif ou conglomérat orthophyrique. Les conglomérats orthophyriques prédominent à l'Est, le long de la combe gazonnée qui descend vers Pierre-Aiguë ; les laves massives forment toute la haute crête cotée 2548, 2274, 2273. Au col de la Croix-de-Fer, qui est une échancrure de cette crête, les orthophyres massifs (type C passant à la kersantite) sont traversés par le chemin muletier sur une épaisseur d'environ 1500 mètres. Si l'on y ajoute les conglomérats de l'Est, qui affleurent au-dessus de Pierre-Aiguë, et qui alternent, d'ailleurs avec des nappes de tufs et de laves, on arrive, pour l'ensemble de la bande éruptive, à une épaisseur de 2 kilomètres. Comme cette bande affleure entre deux bandes triasiques, elle représente dans son ensemble un anticlinal fortement serré, et légèrement couché vers l'Ouest. Nous verrons plus loin qu'en tenant compte des plis secondaires qui accompagnent cet anticlinal on est conduit à attribuer à la formation orthophyrique du col de la Croix-de-Fer, une épaisseur réelle *d'au moins un millier de mètres* avant le plissement.

Dans toute cette description, nous n'avons parlé que de *nappes interstratifiées.* Nulle part, dans les Grandes-Rousses, nous n'avons observé de filons d'orthophyre tranchant les strates houillères ou les schistes archéens.

**Situation probable des volcans orthophyriques.** — Si l'on tient compte de ces diverses observations, et en particulier de la localisation à peu près absolue des orthophyres dans le synclinal houiller de l'Est des Rousses, et de l'absence, dans ce synclinal, de tout filon de roches éruptives, on est conduit aux déductions suivantes, touchant la situation des volcans orthophyriques.

1° Ces volcans s'alignaient du Sud au Nord, parallèlement aux plis déjà formés de la chaîne hercynienne. Sauf de très rares exceptions, ils étaient situés à l'Est de la crête actuelle des Grandes-Rousses, et assez loin de cette crête, probablement sur la ligne où se dresse aujourd'hui la chaîne liasique du Mas-de-la Grave. Les filons de kersantite découverts au Thabor par M. Kilian, ceux de microgranulite et de porphyrites signalés par nous sur le bord Est du massif du Pelvoux, jalonnent vraisemblablement un axe éruptif à peu près parallèle à celui dont nous parlons, et d'ailleurs beaucoup moins important au point de vue de l'abondance des laves émises.

2° Les volcans orthophyriques étaient situés sur le bord Est du bassin houiller de l'Est des Rousses, probablement sur une crête de gneiss granulitiques assez haute et assez escarpée, qui séparait ledit bassin houiller de celui, beaucoup plus étendu, du Briançonnais et de la Maurienne [1]. La séparation pouvait d'ailleurs n'être que locale, de même que celle entre les deux bassins des Rousses.

[1] Pendant l'été de 1893, nous avons exploré la bande houillère de la Maurienne, entre le col des Encombres et le massif de Péclet, sans y trouver *un seul* affleurement de roche éruptive.

Les volcans, adossés du côté de l'Est à la crête cristalline, envoyaient leurs laves à l'Ouest.

3° Il est probable que ces volcans étaient en petit nombre. Le plus méridional n'était, sans doute, guère plus au Sud que le Freney ; le plus septentrional, guère plus au Nord que Saint-Jean d'Arves. Ce dernier seul semble avoir eu une très grande importance.

4° On peut penser que la période d'activité de ces volcans a été fort longue. Diverses observations stratigraphiques nous inclinent à croire que la plupart des laves sont *au sommet* de la formation houillère des Rousses. Elles ont coulé souvent sur un sol asséché, ou du moins à peine inondé. Dans les intervalles des grandes venues laviques, des projections cendreuses tombaient dans les eaux peu profondes. Les scories et les bombes de grande dimension n'arrivaient point jusqu'à la région des Rousses. Périodiquement les déjections torrentielles recouvraient les laves et les tufs, apportant, du bord oriental du bassin, des matériaux granulitiques, pêle-mêle avec les débris arrachés aux coulées éruptives.

---

# CHAPITRE VI

## TRIAS

Nous rapportons au Trias, par analogie avec les formations similaires du Briançonnais, de la Maurienne et de la Tarentaise :

1° Les poudingues à ciment quartzeux et à galets granulitiques du sommet des Petites-Rousses ;

2° Les quartzites observés, à la base des dolomies, en quelques rares points des Rousses (col du Sabot [1], Croix-de-Cassini, Château-Noir, granges de la Balme [2]) ;

3° Les dolomies et calcaires dolomitiques, blanc-jaunâtre ou jaunes, fréquemment recouverts d'une patine de couleur robe de capucin, que l'on observe presque partout en dessous des marnes du Lias ;

4° Les cargneules qui résultent fréquemment de l'altération des dolomies ci-dessus, les schistes satinés et bariolés qui s'y intercalent, et enfin les gypses qui apparaissent à la même place dans les ravins du Flumet et de la Cochette.

Les cargneules et les gypses ont été signalés comme triasiques par Lory, qui a, au contraire, rangé dans le Lias les calcaires magnésiens et les dolomies.

La formation triasique des Rousses est partout peu épaisse. Nulle part la puissance totale ne semble atteindre 300 mètres. Presque partout elle est bien moindre. Elle ne dépasse pas 12 mètres à la Garde, sur le chemin du Bourg-d'Oisans à Huez. Elle semble comprise entre 10 et 40 mètres sur le bord Est de la chaîne, le long de la vallée du Ferrand, ou à la base des Arênes. Les épaisseurs maximas se constatent sur le chemin du Freney à Sarenne, aux environs de Vaujany, au col du Sabot, à la crête 2342-2627 qui remonte vers la Cochette, enfin au Nord du Grand Lac, dans le petit synclinal qui accidente la terminaison septentrionale de la chaîne des Grandes-Rousses. Les neuf dixièmes au moins de la puissance totale appartiennent aux dolomies et aux cargneules subordonnées.

La *triasicité* de ce complexe n'est pas douteuse, car il est intercalé entre le Houiller et le Lias inférieur, concordant avec celui-ci, discordant avec celui-là ; et, de plus, les dolomies, les cargneules et les quartzites des Rousses sont

[1] Observation de M. Kilian.
[2] Observation de M. Révil.

identiques, quant au faciès, à certains dépôts triasiques de la Vanoise et du Briançonnais.

Le Trias des Rousses présente au plus haut degré le faciès lagunaire. A l'époque triasique, les plis hercyniens étaient à peu près arasés dans toute la région du Pelvoux et des Rousses, et des lagunes très étendues, variables de forme et de profondeur, couvraient la plus grande partie du pays. Il ne nous paraît pas douteux que la crête même des Rousses n'ait été recouverte, au moins momentanément, par la mer triasique. Les dolomies de couleur capucin, entremêlées de lits de sable, qui s'observent au lac Blanc et aux Petites-Rousses, et dont on retrouve des débris dans la moraine de fond du glacier de Saint-Sorlin, ont dû se déposer sur la majeure partie de la haute chaîne. Le plus souvent, les quartzites manquent; et les dolomies à lits sablonneux reposent directement sur la tranche des schistes archéens et houillers. L'invasion du pays par les lagunes s'est donc faite d'une façon graduelle, et la plus grande partie de la région se trouvait encore à sec à l'époque où se déposaient les quartzites de la Vanoise et du Briançonnais.

Nous décrirons successivement les divers termes de la formation triasique.

1° **Poudingues**. — Au sommet même des Petites-Rousses, et à quelques pas du signal coté 2813, les calcaires dolomitiques reposent sur la granulite et sur les gneiss granulitiques par l'intermédiaire d'un banc peu épais de poudingues à ciment quartzeux et à galets de granulite. La parfaite concordance et l'intime liaison de ces poudingues avec les bancs de calcaire sablonneux qui les surmontent ne permettent pas de les rattacher au Houiller. Nul doute qu'ils ne représentent un faciès local de la base du Trias.

On les retrouve çà et là sur le versant occidental des Petites-Rousses, par exemple au-dessus du lac Volant, au-dessus des lacs Besson, sur le parcours du canal allant du lac Blanc au Villard-Reculas, sous la forme de petits lambeaux, épais de 0 m. 50 à 2 m., traînant sur la surface ondulée du massif granulitique. Au sommet des Petites-Rousses, la puissance ne semble pas dépasser 2 mètres. Quand on descend sur le versant Est de la montagne 2813, on voit les poudingues passer latéralement à des grès grossiers. Sur l'autre bord de la petite plaine marécageuse, ces grès sont remplacés, sous les dolomies, par des grès fins entièrement semblables à ceux qui forment des intercalations dans les dolomies elles-mêmes. On peut suivre quelque temps ces grès fins du côté du Nord, en descendant vers un grand lac à demi-glacé, non marqué sur la carte d'Etat-Major : ce sont des roches friables, à surface inégale, de couleur grise, faciles à confondre de prime abord avec les gneiss.

Poudingues et grès reposent en discordance complète sur les gneiss granulitiques. Les grès du bord Est sont sensiblement horizontaux sur les strates archéennes verticales.

2° **Quartzites**. — MM. Kilian et Révil nous ont signalé deux apparitions de quartzites à la base des dolomies ou des cargneules, l'une au col du Sabot, l'autre dans le ravin par où l'on descend des granges de la Balme à Saint-Sorlin d'Arves. Nous avons nous-même retrouvé ce terme intéressant de la formation triasique en trois autres points du massif des Grandes-Rousses :

1° Au col ouvert entre la Croix-de-Cassini (2376) et le point 2171, sous les mots *Grange Pellorce* de la carte d'État-Major, au Nord du Freney ;

2° Dans une brèche de la crête qui remonte de Jouffray au sommet coté 2939, brèche où passe un petit synclinal triasique ;

3° Au Nord du Grand Lac et à l'Ouest du point 2548, près des granges de la Balme, dans un synclinal secondaire renversé sous des schistes houillers.

En tous ces points, l'épaisseur des quartzites est insignifiante (0m.50 à 5 mètres). Les affleurements sont peu étendus : celui de Grange-Pellorce, qui semble être le plus important, n'a guère que cinq ou six cents mètres de longueur.

Les quartzites des Rousses sont des grès blancs extrêmement fins, peu métamorphiques. Ils ne diffèrent point des types les plus habituels du Briançonnais.

Nous ne doutons pas que les poudingues et les grès décrits au paragraphe précédent ne soient contemporains des quartzites. Les uns et les autres se rapportent sans doute à l'époque du grès bigarré. Mais l'invasion, par les lagunes maritimes, de la région qui nous occupe, était encore peu avancée à cette époque. Sur la plus grande partie des Grandes-Rousses, la sédimentation triasique n'a commencé qu'à l'époque du Muschelkalk.

3° **Dolomies**. — Les dolomies constituent la manière d'être habituelle du Trias des Rousses. Ainsi que nous l'avons dit plus haut, elles ont dû se déposer sur la plus grande partie de la chaîne, mais avec des puissances fort inégales.

Ces dolomies se distinguent aisément des calcaires du Lias par leur couleur, leur compacité, leur cassure conchoïdale. Elles sont quelquefois blanches, à peine nuancées de jaune ou de rose. Plus souvent, elles sont extérieurement recouvertes d'une patine brunâtre (couleur robe de capucin) ou jaunâtre (couleur nankin) : la cassure est blanche, jaune ou grise, toujours dans des tons très clairs. Le faciès *capucin* prédomine aux Petites-Rousses et sur les plateaux de l'Alpetta : le facies *nankin* est plus habituel dans la vallée du Flumet, aux cols du Sabot et du Couard, et sur la bordure Est des Rousses (vallée du Ferrand).

Aux Petites-Rousses, on voit parfois les dolomies à patine capucin passer à une sorte de brèche. Sur la patine brune qui recouvre la roche, des taches ovales ou rondes, de dimensions très variables, apparaissent, signalées par une nuance jaune plus claire. Ces taches correspondent évidemment à des grumeaux de composition différente. Toutefois, ces grumeaux ne sont pas visibles dans une cassure fraîche. Ce ne sont donc pas des galets arrachés à des bancs préexistants, mais de simples accidents de sédimentation.

La dolomie capucin des Petites-Rousses et de l'Alpetta renferme fréquemment des intercalations gréseuses, naturellement plus répétées et plus importantes vers la base de la formation. Ce sont des bancs d'un grès grossier, à peu près exclusivement quartzeux, peu cohérent, à surfaces très inégales. Ces bancs n'ont généralement qu'une très faible puissance (quelques décimètres) ; presque toujours, ils sont lenticulaires. Quelques-uns contiennent des galets de dolomie. Les lentilles se prolongent dans la dolomie ambiante par des noyaux gréseux isolés, de sorte qu'il y a passage latéral du calcaire au grès. L'eau de pluie dissout le calcaire sans attaquer le grès, et donne ainsi naissance à des cavités de forme curieuse, soit dans les couches en place, soit dans les blocs éboulés.

Même quand ils ne contiennent pas de véritables lentilles sablonneuses, les dolomies triasiques, surtout celles à patines capucin, sont toujours très siliceuses. Les surfaces exposées aux agents atmosphériques présentent de loin en loin de petites aspérités quartzeuses, mises en relief par la dissolution du calcaire. Le microscope décèle la présence d'un certain nombre de galets de quartz, et, en outre, l'existence de plages quartzeuses, à contours nuageux, évidemment contemporaines de la sédimentation.

La dolomie capucin passe rarement à la cargneule. Celle-ci semble habituellement résulter de l'altération de calcaires magnésiens cloisonnés, blancs ou jaunes.

L'examen microscopique des calcaires triasiques est peu intéressant. On y voit, outre les grains de sable et les plages quartzeuses dont nous venons de parler, quelques grains d'ilménite, de magnétite ou de pyrite, et, souvent, d'assez nombreuses lamelles de mica blanc flotté. Le magma calcaire est confusément cristallisé, *sans traces d'organismes*, parfois tout-à-fait homogène, parfois chargé de grumeaux arrondis d'une dolomie plus compacte. Nulle part, nous n'avons observé de feldspaths.

L'analyse chimique révèle toujours une forte teneur en magnésie. Gueymard, qui, le premier, a montré la nature dolomitique des calcaires des Rousses, attribue cette richesse en magnésie à l'influence métamorphisante des terrains *plutoniques* [1]. Il est inutile de dire que cette interprétation ne peut plus être admise aujourd'hui. Les dolomies en question se sont déposées telles que nous les voyons.

La composition est d'ailleurs variable. Ainsi que Gueymard l'indique, la teneur en magnésie est parfois supérieure à celle qui correspond à la véritable dolomie [2] ($MgCO^3 + CaCO^3$). Souvent aussi elle est inférieure. La teneur en silice, dans les échantillons les moins siliceux en apparence, atteint encore 15 0/0 en moyenne. Le fer est en petite quantité dans les calcaires dolomitiques blancs ou jaunes : il remplace au contraire une notable proportion de la magnésie dans les dolomies à patine capucin, qui ont la composition de certains *spaths brunissants*.

En l'absence de tout débris organique, il est impossible de fixer d'une façon précise l'âge des dolomies des Grandes-Rousses. L'attribution au Muschelkalk nous paraît cependant la plus rationnelle. Si l'on étudie les divers affleurements du Trias entre l'Oisans et la Vanoise, d'une part, entre l'Oisans et le Briançon-

[1] Gueymard, *Statistique générale du département de l'Isère*, 1844, p. 270 et suiv.

[2] Composition de la dolomie : acide carbonique 47,70 ; chaux 30,36 ; magnésie 21,94.

nais, de l'autre, on ne peut s'empêcher d'assimiler les dolomies et calcaires dolomitiques que nous venons de décrire, aux couches, presque identiques de composition et de faciès, comprises entre les quartzites et les calcaires à *Gyroporellæ*. Dans sa récente note sur les Alpes de Savoie [1], M. Zaccagna, décrivant les calcaires dolomitiques à patine ocreuse, à cassure pseudorhomboédrique et de couleur grise, qui affleurent, à Pont-du-Roc, sur la rive droite de l'Arc, les assimile *aux calcaires de Villanova*, des Alpes-Maritimes, et déclare que l'on ne peut les rapporter, comme ces derniers, qu'à l'étage du Muschelkalk. Or les calcaires dolomitiques de Pont-du-Roc sont identiques à nos dolomies à patine capucin. Ils représentent l'équivalent des marbres phylliteux, des marbres blancs et des calcaires dolomitiques jaunes de la Vanoise, c'est-à-dire de l'ensemble que, dans notre *Etude sur la constitution géologique du massif de la Vanoise*, nous avons désigné comme muschelkalk inférieur.

On pourrait objecter [2] qu'il n'y a pas de preuve d'une lacune stratigraphique entre les dolomies des Grandes-Rousses et le Lias calcaire qui les surmonte immédiatement. Non-seulement la concordance est absolue entre Lias et Trias, mais les premiers dépôts du Lias, dans la région qui nous occupe, ne sont ni arénacés, ni bréchiformes. Comme il est bien difficile, d'autre part, de supposer que le dépôt des dolomies des Rousses a duré pendant les deux périodes réunies du Muschelkalk et du Keuper, l'objection précédente pourrait conduire à placer la lacune entre le dépôt des quartzites et celui des dolomies, et à rapporter ces dernières à tout ou partie de l'époque du Keuper.

Nous répondrons que l'absence, dans une région donnée, de dépôts arénacés ou bréchiformes entre deux formations calcaires ne prouve pas qu'il y ait eu continuité de sédimentation. Les lagunes où se déposaient les dolomies triasiques ont pu s'assécher graduellement, rester longtemps à sec, puis rentrer progressivement sous les eaux au début de l'époque du Lias, et ne recevoir, dans cette nouvelle phase de sédimentation, qu'un dépôt arénacé ou bréchiforme de peu d'épaisseur. Ce dépôt de faible puissance et de faible cohésion a pu ensuite être enlevé, sur toute l'étendue du massif des Rousses, par des courants côtiers analogues à ceux qui *décapent* aujourd'hui le fond de certains bras de mer. Il suffit que cette période de décapage ait été de peu de durée, et qu'après sa cessation, le niveau de la mer dans la région étant redevenu stable et les rivages étant d'ailleurs suffisamment éloignés, les conditions d'une sédimentation vaseuse et calcaire se soient trouvées réalisées. Le fait que, dans la région immédiatement voisine (Saint-Michel, La Grave), une notable partie du Sinémurien est à l'état de brèche (*brèche du Télégraphe*, de M. Kilian), et que cette brèche contient des débris de dolomies triasiques, ce fait, disons-nous, prouve que les rivages n'étaient point encore fixés à l'époque sinémurienne, et

[1] Zaccagna, *Riassunto di osservazioni geologiche fatte sul versante occidentale delle Alpi Graie*, Bolletino del R. comitato geologico. Série III, vol. III, 1892, page 185.

[2] Cette objection nous a été présentée par M. Kilian.

que des courants variables, dont quelques-uns fort intenses, se déplaçaient le long des côtes.

Nous admettrons donc que les dolomies triasiques des Rousses sont de l'âge du Muschelkalk, et qu'elles sont (par analogie avec ce que l'on observe dans les régions voisines) antérieures aux calcaires à *Gyroporellæ*. Cette opinion nous paraît être la plus rationnelle, jusqu'à découverte d'un argument paléontologique.

Là où manquent les quartzites et les poudingues, les dolomies reposent immédiatement sur les schistes archéens ou sur les strates houillères, souvent en complète discordance. La discordance avec l'Archéen est visible en de nombreux points du plateau de l'Alpetta, entre les Petites-Rousses et le col du Couard; celle avec le Houiller ne se voit bien qu'au sommet de la Croix-de-Cassini (2376m), entre Le Freney et Sarenne. Partout où le Trias est fortement redressé, il y a concordance apparente (bord Est du massif, synclinal du Freney et du Château-Noir, synclinal du lac Blanc, petits synclinaux à l'Ouest des granges de la Balme).

Entre les châlets les plus élevés de l'Alpe d'Huez et le col du Couard, sur le long plateau de l'Alpetta, les dolomies apparaissent en nombreux lambeaux, généralement fort peu épais, traînant à la surface de l'Archéen granulitique. Ces dolomies sont ondulées parallèlement à la chaîne, et, presque toujours, les lambeaux conservés appartiennent aux fonds des synclinaux. Les ondulations ont déterminé, sur beaucoup de points, la forme topographique. Le plateau est composé d'une série de rides parallèles à la chaîne, généralement formées de granulite impure ou de gneiss, et séparées par des combes gazonnées au fond desquelles on aperçoit des témoins du manteau dolomitique. Des loques moins étendues de ce même manteau s'accrochent çà et là aux flancs des rides, se moulant sur les aspérités du terrain cristallin. Témoins et loques contrastent étrangement, par leur couleur rouillée, avec la teinte grise des roches archéennes et le vert intense des pâturages.

Dausse a décrit d'une façon vraiment magistrale ces ruines de la formation triasique. « En marchant vers le col du Couard, dit-il,[1] on rencontre bientôt, « vêtissant le fond primitif, une roche singulière. C'est un calcaire compact, « très dur, uni et éminemment conchoïde dans sa cassure, de couleur claire, « jaunâtre, et, à la surface, couleur de rouille. Les nombreux filons, veines et « nodules quartzeux qu'il renferme, forment saillie sur cette surface, qui est « d'ailleurs quelquefois profondément striée par l'action des eaux pluviales. « Cette roche forme divers lambeaux de peu d'épaisseur, pendant du pied du « grand escarpement vers les thalwegs, s'y réunissant, et les suivant dans leur « longueur qui a la direction de la chaîne. La nappe n'a partout qu'une faible « épaisseur assez uniforme, croissante pourtant un peu vers l'aval. Partout où « le contact est visible, elle se montre *moulée* sur le sol primitif. On la voit sou-

[1] Dausse, *loco citato*, p. 136.

« vent divisée en couches onduleuses comme la surface. Quelquefois, cette di-
« vision est marquée par de minces lits de quartz ; d'autres fois, par le vide
« qu'occupaient de semblables lits, détruits et entraînés par les eaux. Une
« autre division plus commune a lieu normalement aux surfaces dans toutes
« sortes de sens, mais surtout de l'Est à l'Ouest. Là où la surface forme mame-
« lon, la division normale partage toute la nappe en prismes qu'on trouve par-
« fois isolés, les uns à côté des autres, comme des pavés simplement juxta-
« posés : cela rappelle les prismes basaltiques. Çà et là, la roche est accompa-
« gnée de lambeaux de cargneule ».

**4° Cargneules, schistes satinés et gypse.** — De même que les cargneules du Muschelkalk inférieur de la Vanoise, les cargneules des Grandes-Rousses contiennent de nombreux débris de schistes satinés, gris, verts ou violets. Au microscope, outre ces débris de schistes, elles montrent des grumeaux ou grains arrondis de dolomie, jointifs, et adhérant entre eux sans interposition de ciment étranger ; quelques grains de quartz roulés ; quelques plages de quartz à contour irrégulier, contemporaines de la sédimentation ou même postérieures ; enfin quelques plages de calcaire. Ces cargneules résultent, pour la plupart, de l'altération, par les eaux infiltrées, de dolomies cloisonnées et grumeleuses, plus ou moins chargées de matériaux détritiques. Il est possible que certaines d'entre elles se soient déposées à peu près telles que nous les voyons aujourd'hui.

Quoi qu'il en soit, les cargneules passent latéralement aux dolomies : le fait n'est pas douteux. Les dolomies *cargneulisantes* sont surtout celles où l'altération superficielle montre une structure grumeleuse (brèche) ou cloisonnée. Les dolomies jaunes (pauvres en fer) passent aux cargneules plus fréquemment que celles à patine capucin.

Les cargneules ne semblent pas occuper un niveau spécial dans la formation triasique des Rousses. Elles manquent souvent, ou n'occupent qu'une fraction restreinte de la puissance totale de l'étage dolomitique. D'autres fois, le faciès cargneule envahit tout l'étage : c'est ce que l'on observe sur le bord Est du col du Sabot ; sur le bord Ouest du col du Couard ; à Arclaret ; au Nord du Grand Lac ; dans le ravin du Rieu-Blanc, sur le versant Ouest de la chaîne des Arènes ; enfin, au Château-Noir et dans le ravin du Cluy.

Le passage de la dolomie massive à la cargneule se fait quelquefois par le *calcaire en blocs bizarres* dont parle Dausse. « Dans la gorge du Flumay, dit cet
« auteur,[1] la base du secondaire est un banc de calcaire en blocs, embrassant
« un amas de beau gypse anhydrite, avec lequel il se mêle et s'enchevêtre en
« quelque sorte. Ces blocs, souvent très gros, sont fort irréguliers et ne forment
« nulle part une couche suivie. Ici, c'est un calcaire massif, semi-saccharoïde
« ou saccharoïde, de couleur variable du noir au blanc, plus souvent rouillé,
« cloisonné en tous sens par des filons de spath calcaire et quelquefois de

[1] Dausse, *loco citato*, p. 138.

« quartz ; ailleurs, ils semblent formés de fragments enveloppés d'une pâte de « même nature, mais sans consistance, ou terreuse, ces fragments et la pâte « étant toujours, en quelque sorte, spongieux, et, en un mot, à l'état dolomi- « tique jusqu'au cœur des plus gros blocs ». On ne saurait mieux décrire.

La teneur en magnésie des cargneules des Rousses est toujours voisine de celle de la dolomie véritable, abstraction faite des matières siliceuses. La proportion de silice peut dépasser 40 0/0.

On rencontre parfois, alternant avec les dolomies ou les cargneules, des schistes satinés en place. Ces schistes, gris, verts, roses ou violets, sont toujours peu développés dans le Trias des Rousses ; mais on sait quelle importance ils prennent dans le Muschelkalk de la Vanoise et dans celui du Briançonnais (Cucumelle). Les points du massif des Rousses où nous les connaissons sont le synclinal triasique du Château-Noir, principalement au col sis immédiatement au Nord du Château-Noir ; le bord Est du grand synclinal de Vaujany, sur le chemin du Bessey à l'Alpetta ; enfin le ravin de la Villette, près de Vaujany.

Au microscope, ces schistes montrent la plus grande analogie avec les schistes de Pralognan ou de Merlet (Vanoise). Dans un magma quartzo-séricitenx excessivement fin, dépourvu de calcaire, on voit de nombreux grains et bâtonnets d'ilménite, et quelques prismes très déliés de *tourmaline*, évidemment développés *in situ* comme la séricite. Cette tourmaline en fines aiguilles, qui est ainsi, du Briançonnais aux Rousses et des Rousses à la Vanoise, caractéristique des schistes du Trias, se reconnaît immédiatement à son polychroïsme et à sa biréfringence. On observe, çà et là, quelques galets de quartz, à bords nuageux, partiellement recristallisés.

Quant au gypse, il est rare dans le Trias des Grandes-Rousses. Nous ne le connaissons jusqu'ici qu'en cinq points, tous au voisinage de la montagne des Aiguillettes, qui sépare les cols du Sabot et du Couard. Sur le versant Sud du col du Sabot, il apparaît deux fois au milieu des cargneules, dans deux synclinaux différents [1]. Dans la gorge du Flumet, au pied de l'escarpement méridional des Aiguillettes, et dans le ravin de la Cochette, il se montre nettement stratifié et supporte en concordance les calcaires du Lias.

[1] Observation de M. Kilian.

# CHAPITRE VII

## LIAS

La formation jurassique des Grandes-Rousses appartient à peu près exclusivement à l'époque liasique. M. Kilian a cependant découvert dans la forêt d'Oz, à peu près dans l'axe du synclinal Allemont-Vaujany, les *calcaires à miches* qui semblent caractéristiques du Bajocien dauphinois.

Nous ne dirons que peu de choses sur ces terrains jurassiques, dont nous n'avons pas fait une étude spéciale. Ils présentent, à un très haut degré, le faciès d'eau relativement profonde désigné par M. Haug sous le nom de *faciès dauphinois*. Ce sont des dépôts vaseux, souvent très riches en argile, extrêmement pauvres en fossiles et ne contenant guère que des céphalopodes (bélemnites). Il n'est pas douteux que ces dépôts n'aient recouvert toute la chaîne des Rousses, de même que le massif tout entier du Pelvoux Sur toute la région de l'Oisans s'étendait un chenal profond dirigé sensiblement comme l'ancienne chaîne [1]. L'émersion graduelle d'une partie de l'Oisans ne s'est produite, selon toute vraisemblance, que dans les derniers temps du Jurassique.

La formation débute, au-dessus des dolomies, des cargneules ou des gypses du Trias, par des bancs d'un calcaire noir compacte, rude au toucher, épais seulement de quelques mètres. Puis viennent des calcaires compactes d'un noir bleuâtre, doux au toucher, bien lités, alternant avec de minces veines d'argile schisteuse noire. Ces calcaires ont plusieurs centaines de mètres (peut être même plus de mille mètres) d'épaisseur. C'est dans les bancs de la base que se rencontrent les bélemnites.

Vers la partie supérieure de ce complexe, les assises schisteuses deviennent peu à peu prépondérantes. On passe ainsi au Lias schisteux, formé de schistes noirs argileux, souvent séricíteux sur les plans de clivage, toujours très fissiles et très friables. C'est au-dessus de ces schistes, dont l'épaisseur ne semble pas dépasser cinq cents mètres, que viennent les *calcaires à miches* du Bajocien.

Les calcaires noirs de la base ont le faciès des calcaires de l'Hettangien et du Sinémurien du Pelvoux. Dans un éboulis provenant des calcaires compactes

[1] E. Haug, *Les chaînes subalpines entre Gap et Digne*, Bulletin des Services de la Carte géologique, t. III, nº 21, p. 51 et suiv.

d'un noir bleuâtre qui les surmontent immédiatement, sur le versant Sud du col du Couard, M. Kilian a trouvé, en notre présence, un exemplaire de *Pentacrinus tuberculatus*.

La plus grande partie du Lias calcaire à petites assises schisteuses doit appartenir au Charmouthien. On n'y a trouvé jusqu'ici, dans le massif des Rousses, que des bélemnites d'une détermination incertaine [1]. Quant au Lias schisteux, il doit être identique à celui des environs de La Grave, c'est-à-dire toarcien. Mais on ne saurait préciser davantage.

Le Lias exclusivement schisteux n'apparaît nettement qu'en un petit nombre de points, comme le ravin de la Villette de Vaujany, le synclinal Ouest du col du Sabot, la combe supérieure de la Valette. Presque partout, la formation jurassique des Grandes-Rousses est réduite aux calcaires inférieurs et aux calcaires alternant avec des schistes argileux noirs. Ces derniers calcaires forment presque exclusivement la chaîne des Arènes, la longue arête qui sépare les vallées du Ferrand et de la Valette, les montagnes entre Villard-Reculas et Auris, et enfin la montagne des Aiguillettes. Ils ont partout offert à l'érosion une proie facile. Ce sont eux qui forment les talus gazonnés ou boisés qui entourent le haut massif d'une verte ceinture. Mais, partout où la végétation a été détruite, les calcaires, profondément entamés par les eaux sauvages, et les torrents, dressent des escarpements en ruine, d'une couleur noire, qui contrastent étrangement avec les beaux rochers de l'Archéen ou du Houiller.

En plusieurs points du massif, des carrières d'ardoises sont ouvertes dans les calcaires à assises schisteuses. Le clivage ardoisier est souvent distinct de la stratification. Les seules exploitations un peu importantes sont celles des Sables et d'Oz, de part et d'autre d'Allemont et à faible distance.

La transformation en ardoises ou en schistes des marnes et des argiles est à peu près le seul phénomène de dynamo-métamorphisme que l'on puisse constater dans les sédiments jurassiques des Rousses. Au microscope, on n'aperçoit dans la matière vaseuse que bien peu d'éléments cristallisés, et la plupart sont nettement détritiques. On doit signaler pourtant la production, dans certaines argiles, de phylérite et de séricite, extrêmement courtes. L'existence de la séricite, dont la production exige la présence de notables quantités de potasse, est particulièrement intéressante.

[1] Surtout abondantes entre le Vernay et Villard-Reculas (Gueymard). On peut également en récolter beaucoup au voisinage du point 2857 de la chaîne des Arênes.

---

# DEUXIÈME PARTIE

---

# MONOGRAPHIES LOCALES & TECTONIQUE DE LA CHAINE

---

Nous décrirons successivement les régions les plus curieuses du massif des Grandes-Rousses, en insistant sur l'allure des plis, et en cherchant à établir leur continuité d'un bout à l'autre de la chaîne. La lecture de cette deuxième partie sera grandement facilitée par l'examen de la carte et des planches de coupes annexées à notre étude.

Un dernier chapitre sera consacré à l'exposé de la tectonique générale de la région.

---

## CHAPITRE PREMIER

### DU COL DE LA CROIX-DE-FER AU GLACIER DE St-SORLIN[1]

---

A leur extrémité Nord, les Grandes-Rousses se réduisent à deux anticlinaux progressivement amincis et plongeant graduellement sous le manteau de couches secondaires qui a recouvert toute la région. L'un de ces anticlinaux, prolongement direct de l'arête des Grandes-Rousses, est formé de schistes archéens ; l'autre, prolongement de la bande houillère orientale, est composé à peu près exclusivement d'orthophyres et de conglomérats et tufs orthophyriques. Le premier se termine à l'Eau d'Olle, près d'Arclaret. Le second est coupé normalement par l'étroite cluse qui est la vallée supérieure de l'Eau-d'Olle et qui se continue par le col de la Croix-de-Fer. Au Nord du col de la Croix-de-Fer, la formation orthophyrique affleure encore sur une longueur de 1,500 mètres ; puis elle se cache sous les cargneules du Trias, à peu de distance à l'Ouest de la Croix-de-l'Ouillon. Ces deux anticlinaux sont séparés par un long synclinal, qui correspond à la curieuse dépression où gisent le Grand Lac, le lac Blanc et le lac Tournant, et qui se perd sous le glacier de Saint-Sorlin, probablement au voisinage du col des Quirlies. Ce synclinal est, à son tour, accidenté de quelques plissements locaux assez énergiques, qui ramènent momentanément, au milieu des cargneules, les schistes houillers et les tufs orthophyriques.

A l'Ouest de l'anticlinal archéen, le synclinal de Vaujany, dans lequel s'épanouit la combe d'Olle, a une largeur comprise entre 1,200 et 2,000 mètres. A Montfroid, près de l'embouchure du Nant-de-Bramant, les marnes du Lias sont séparées des micaschistes par un banc peu épais de cargneules. On peut suivre ces cargneules, ou les dolomies qui les remplacent, tout le long du petit ravin qui marque, jusqu'au pied de la Croix-de-Pichoux (2566), la limite de l'Archéen et du Secondaire. La puissance de cette bande triasique est généralement inférieure à 100 mètres. Au-delà de la Croix-de-Pichoux, dans le cirque supérieur du torrent de Pionard, la limite disparaît momentanément sous les éboulis de l'arête cristalline. Quand le Trias reparaît, sur l'arête 2342-2627, il se présente avec un développement beaucoup plus considérable : les dolomies

[1] Consulter les coupes 1, 2 et 3, Pl. I et II.

blanches et grises et les cargneules s'empilent les unes sur les autres, et la puissance totale est d'environ 300 mètres.

Tout le long de cette bordure, depuis Arclaret jusqu'au ravin de la Cochette, il y a apparence de concordance absolue entre le Trias et les terrains anciens. A Montfroid, les schistes archéens sont verticaux, verticales aussi les dolomies et les marnes du Lias. Il en est ainsi jusqu'à la Croix de-Pichoux. Puis le contact se couche peu à peu vers l'Ouest, l'Archéen, et, plus tard, le Houiller, se renversant sur le Trias et le Lias. Aux environs de l'arête 2342-2627, et jusque vers le col du Couard, les marnes du Lias plongent sous les dolomies, celles-ci sous les schistes houillers, ceux-ci, à leur tour, sous les micaschistes, le pendage général étant de 40 à 60° vers l'Est.

Quand on s'éloigne de la bordure en question, en pénétrant dans l'intérieur du synclinal de Vaujany, on voit qu'il est formé de calcaires marneux du Lias, souvent ardoisiers, alternant avec des schistes argileux, les marnes et les argiles ayant la même couleur et le même clivage luisant. Les assises sont toujours très redressées, et même, le plus souvent, verticales. Sur la rive gauche de l'Eau d'Olle, d'après Dausse [1], on voit « l'ardoise monter vers les Rousses. » En réalité, le pendage est tantôt dans un sens, tantôt dans l'autre : il s'abaisse rarement au-dessous de 60°. Sur le bord Ouest du synclinal, au pied du massif des Sept-Laux, le contact est presque partout vertical : le Trias y manque généralement, supprimé sans doute par le laminage consécutif au brusque redressement des assises. Dans le ravin de la Cochette, qui offre une coupe complète du synclinal, les couches du Lias sont verticales sur les deux tiers de la largeur de la bande. Ce n'est qu'en approchant de la limite Est qu'elles se couchent peu à peu, comme nous l'avons dit plus haut, sous l'anticlinal des Rousses.

Il est évident que cette concordance du Secondaire et de l'Archéen n'est qu'apparente. Si l'on pouvait ouvrir une tranchée, à travers les marnes du col du Glandon, jusqu'au micaschiste sous-jacent, la discordance apparaîtrait nettement au passage de l'anticlinal. Aux Ribauds, sur la rive droite de l'Eau-d'Olle, les strates du Lias sont faiblement inclinées ; elles forment la clef de la voûte. Nul doute que ces strates, à peu près horizontales, n'aient pour substratum des micaschistes verticaux.

L'axe du synclinal de Vaujany est dirigé Nord-Nord-Est. Au col du Glandon, la direction tourne même vers Nord-40°-Est. Or, depuis le massif de la Cochette jusqu'aux Ribauds, sur une longueur d'au moins quatre kilomètres, les schistes archéens verticaux de l'anticlinal des Rousses sont dirigés exactement vers le Nord. L'axe du pli hercynien des Rousses fait donc, avec celui du pli alpin de la combe d'Olle, un angle d'environ 20°. D'après M. Offret, le même écart se retrouve de l'autre côté du col du Glandon, et il n'est pas douteux que les schistes archéens de Montfroid ne se prolongent par ceux de la rive gauche du torrent des Villards, le terrain houiller de Saint-Colomban étant de même le prolongement de la bande houillère du glacier de Saint-Sorlin. Nous verrons

[1] Dausse, *loco citato*, p. 131.

tout à l'heure, en étudiant le synclinal du lac Tournant, de nouvelles preuves de cette obliquité de direction des deux plissements successifs.

Cette extrémité septentrionale de l'arête cristalline des Rousses est d'une grande monotonie. Monotone est le paysage: des roches grisâtres moutonnées, séparées par des combes herbeuses où les tourbières et les marécages font çà et là des taches d'un vert intense ; aucun rocher majestueux ; partout l'aspect d'une montagne vieillie, usée et nivelée par une érosion cent fois séculaire. Monotone est l'aspect des roches : schistes satinés, verts ou gris. plus rarement noirâtres, fissiles et friables, toujours verticaux. prenant, à la surface des roches polies et moutonnées par l'action des glaciers, la teinte blanche ou jaune clair de gneiss granulitiques. En fait, les bancs feldspathisés sont extrêmement rares au Nord de la cime cotée 2911. Au Sud de cette cime, dans le massif de la Cochette, la granulitisation fait au contraire des progrès rapides.

C'est ici le lieu de dire un mot du petit lambeau houiller de la Demoiselle, signalé pour la première fois par Gueymard. Ce lambeau s'observe bien sur l'arête 2342-2627 et dans les ravins, situés immédiatement au Sud de cette arête, qui aboutissent au torrent de la Cochette. Sous les schistes archéens gris et verts du point 2627 plongent des schistes noirs et des grès fins, entremêlés d'assises séricitenses fort semblables à celles de l'Archéen. Le plongement est de 40 à 60° vers l'Est, et les dépôts houillers sont eux-mêmes renversés sur les dolomies du Trias. C'est près du contact avec les dolomies que l'on a fait autrefois de petites recherches aux affleurements d'un banc de schistes charbonneux. La « mine de la Cochette » n'a jamais produit que des quantités insignifiantes d'un mauvais combustible. On peut suivre le lambeau houiller sur une longueur d'environ 1000 mètres : malheureusement la grande similitude de faciès des schistes houillers et des schistes archéens rend la délimitation fort difficile. Au Nord des grands éboulis du cirque de Pionard, le Houiller ne reparaît plus entre le Trias et le Micaschiste. Il est probable qu'il faut voir là un effet de la divergence des plis alpins et des plis hercyniens : le synclinal houiller de la Demoiselle passe vraisemblablement en dessous de la combe d'Olle, et c'est au Nord du col du Glandon, dans le massif de Sambuis, que l'on pourra sans doute un jour retrouver sa trace.

Ce nom de « la Demoiselle » est appliqué depuis un temps très reculé à une mine de cuivre et d'or (cuivre gris aurifère) située dans l'Archéen, au voisinage du col du Couard (appelé autrefois col de la Cochette). Les montagnards de Vaujany ont actuellement perdu jusqu'au souvenir de cette mine, jadis réputée comme très riche [1]. Au Sud du col du Couard, les gneiss granulitiques sont coupés d'un assez grand nombre de filons quartzeux, dirigés Nord-Ouest ou même Est-Ouest : plusieurs ont été attaqués aux affleurements, où l'on trouve des pyrites cuivreuses et plus rarement du cuivre gris. D'autres filons quartzeux, presque toujours stériles, affleurent, avec la même direction, près de la Croix-de-Pichoux. Quelques-uns contiennent beaucoup de sidérose.

[1] Héricart de Thury, *Journal des Mines*, 2e semestre de 1806, p. 116.

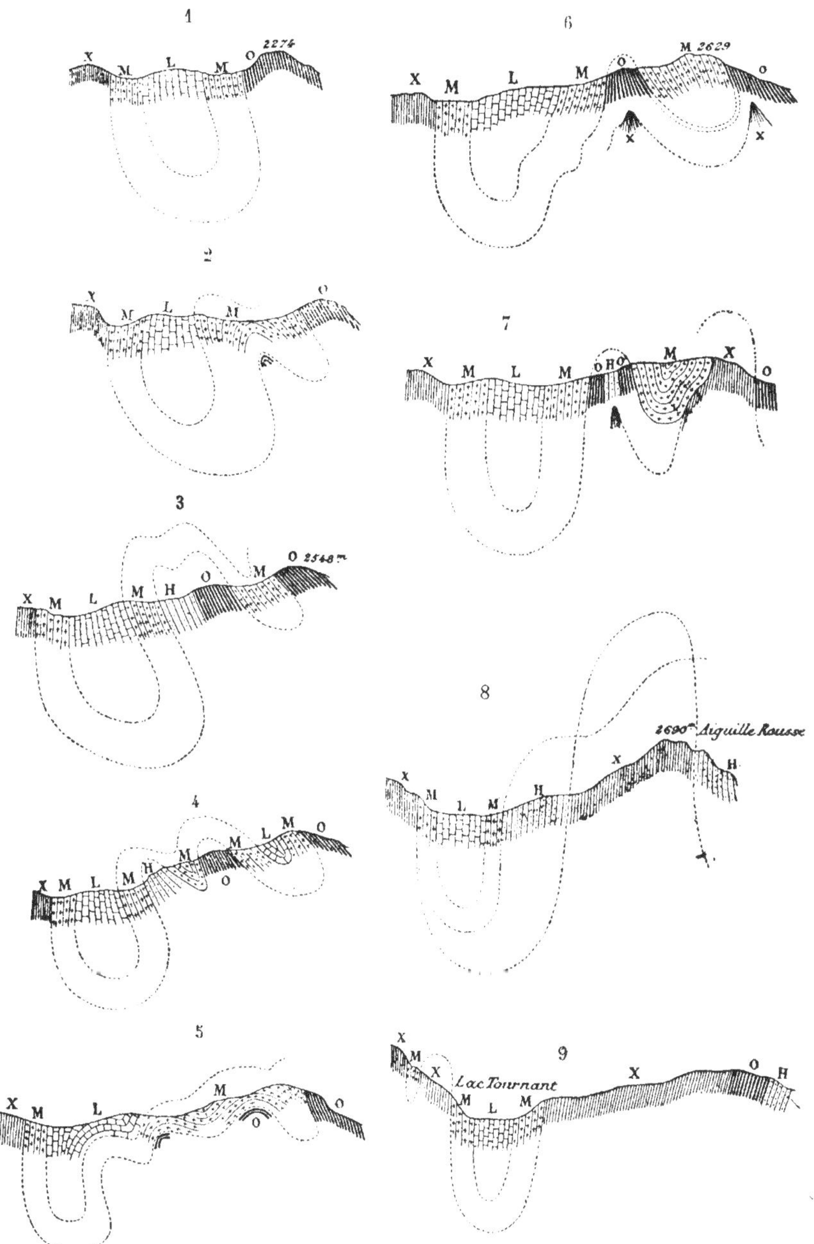


Fig. 2 — Profils successifs en travers du synclinal du lac Tournant.
*(Les profils sont numérotés en allant du Nord au Sud).*

Légende des coupes générales :
- X Archéen
- H Houiller
- O Orthophyres et tufs orthophyriques.
- M Dolomies et cargneules.
- L Lias

A l'Est de l'anticlinal des Grandes-Rousses s'ouvre brusquement, du glacier de Saint-Sorlin à la vallée de l'Eau-d'Olle, un remarquable synclinal, celui que nous avons déjà désigné sous le nom de « synclinal du lac Tournant. » C'est une bande de terrains secondaires, Trias et Lias, large de 100 à 800 mètres, profondément encaissée dans les micaschistes, ou entre ceux-ci et les orthophyres. Le bord Ouest est redressé jusqu'à la verticale : le bord Est est vertical aussi dans la région des lacs ; entre le Grand-Lac et l'Eau-d'Olle, il est renversé, le Secondaire plongeant de 80 à 30° vers l'Est, sous les orthophyres de l'arête 2548-2274.

Du glacier de Saint-Sorlin à la pointe Nord du Grand Lac, le synclinal est très resserré (200 mètres de largeur moyenne) et toutes les couches y sont verticales. Au-delà du Grand Lac, sur le plateau où les eaux se partagent entre la gorge de Bramant et les multiples ravins des Ribauds, le synclinal s'accidente, et, dans la bande triasique orientale, on voit apparaître un anticlinal secondaire, ramenant les tufs orthophyriques et les schistes houillers au milieu du Trias.

La coupe n° 2 (Planche I) donne le détail de cette accidentation. Le pic coté 2548 est formé d'orthophyres massifs plongeant très fortement vers l'Est. A quelques décamètres plus au Sud, les cargneules arrivent sur la crête et s'y maintiennent jusqu'au delà du point 2629 : la limite entre elles et les orthophyres reste à faible distance de l'arête, sur le versant Est ; cette limite est toujours renversée, l'angle avec l'horizon pouvant descendre à 30°. Tout près de l'arête, on voit un peu de Lias apparaître au milieu des cargneules.

Quand on descend du point 2548 dans la direction de l'Ouest, après avoir traversé ces cargneules et le petit lambeau de Lias qu'elles enclavent, on arrive bientôt à une barre rocheuse, parallèle à l'arête. Cette barre est formée de tufs orthophyriques, alternant avec des conglomérats et plongeant de 30° vers l'Est, c'est-à dire sous les cargneules que l'on vient de traverser. Ce mur de roches verdâtres se distingue de très loin au milieu des affleurements jaunes de la cargneule : on peut le suivre sur plus d'un kilomètre de longueur. Si on le traverse près de son extrémité Nord, au Nord-Ouest du point 2548, on voit les tufs orthophyriques reposer sur des schistes et grès houillers qui reposent eux-mêmes sur d'autres cargneules. L'épaisseur totale de l'anticlinal houiller peut atteindre 300 mètres.

Mais si l'on traverse la barre de tufs orthophyriques à l'Ouest du point 2548, on observe qu'elle n'a qu'une faible épaisseur (100 m. environ). En dessous, et plongeant toujours de 30 à 40° vers l'Est, viennent des grès brunâtres et des quartzites en plaquettes, puis des cargneules, et enfin des schistes houillers de couleur noire qui se rattachent à ceux dont nous avons parlé au paragraphe précédent. L'anticlinal houiller est donc accidenté à son tour d'un synclinal secondaire.

Au-dessous des schistes noirs du Houiller reparaissent les cargneules avec une épaisseur assez grande (100 m. au moins). Puis on traverse une bande de calcaires et marnes du Lias, d'un noir bleuâtre, épaisse de 150 à 200 mètres.

Sur le bord Est de cette bande, les marnes plongent de 40 à 60° sous les cargneules ; mais, quand on marche vers l'Ouest, on voit les assises se redresser peu à peu jusqu'à la verticale. Enfin, entre les calcaires verticaux et les micaschistes également verticaux, vient une dernière bande de cargneules, large d'environ 80 mètres.

Dans le prolongement vers le Sud du petit synclinal secondaire renversé sous la barre de tufs orthophyriques, on voit apparaître les calcaires du Lias, d'abord très réduits, puis prenant peu à peu une très grande puissance et se soudant finalement à la bande liasique de l'Ouest. Quant à la barre de tufs orthophyriques, elle finit bien avant le Grand-Lac, submergée par les cargneules. Mais si l'on remonte un peu vers le point 2629, on voit apparaître, tout près de ce sommet, et au milieu des cargneules, un nouvel anticlinal houiller (schistes et tufs orthophyriques) qui marche vers le lac.

La bande de cargneules du point 2629 descend de ce sommet dans la direction du Sud, affleure au col qui s'ouvre immédiatement à l'Est de l'extrémité septentrionale du Grand-Lac, et vient finir en pointe, sur la rive droite du lac, entre les micaschistes qui forment la cime 2690 et l'anticlinal houiller dont il vient d'être question. Cette apparition des micaschistes sur le bord Est du synclinal commence sur le versant Sud-Est du sommet 2629 : l'Archéen se termine en coin entre les orthophyres massifs et les cargneules. La limite de l'Archéen et des orthophyres est Nord-Sud ou Nord un peu Ouest : elle est légèrement oblique sur l'axe du synclinal triasique.

Les neuf coupes de la figure 2 montrent la variation continue du profil transversal du synclinal du lac Tournant. Le profil 1 est pris non loin de l'Eau-d'Olle, à peu de distance des Ribauds : sur plus d'un kilomètre de longueur, on ne voit pas autre chose qu'une bande de cargneules. Peu à peu (profils 2 et 3), l'anticlinal secondaire se forme dans la bande triasique de l'Est. Les tufs orthophyriques et le Houiller apparaissent, bientôt séparés eux-mêmes par un repli local qui ramène les cargneules et les quartzites du Trias (profil 4), et un peu plus loin le Lias (profil 5). A la hauteur du sommet 2629, un nouvel anticlinal de tufs orthophyriques prend naissance à l'Est du premier, celui-ci étant dorénavant caché sous le manteau liasique (profils 5 et 6). Cette nouvelle bande de tufs orthophyriques passe graduellement à une bande de schistes et grès houillers que l'on observe jusqu'au Sud du lac Blanc : sur le bord oriental de cette bande, le Trias disparaît très vite et l'on voit apparaître les micaschistes, puis les gneiss granulitiques de l'Aiguille-Rousse. La bande de Trias et de Lias, désormais très restreinte et formée de couches verticales, a déterminé le fossé étroit et profond, longtemps occupé par une branche du glacier de Saint-Sorlin, où les quatre lacs étalent leurs eaux grises.

En remontant cette étroite combe, on a devant soi les pentes supérieures du beau glacier de Saint-Sorlin, la cime du Grand-Sauvage, quelquefois aussi le dôme étincelant de l'Étendard : au premier plan, l'aiguille cotée 2988 dresse sa fière pyramide, composée de schistes granulitiques rougeâtres ; à gauche, l'Aiguille-Rousse (2690) domine de ses escarpements les bords désolés du Grand-

Lac. Si les lointains sont grandioses et splendides, le paysage immédiat est d'une tristesse extrême. Les lacs, que séparent les uns des autres des seuils encombrés de moraines, n'ont que des eaux vaseuses, incapables de refléter le bleu du ciel.

Plus on s'avance vers le Sud, et plus la grande bande houillère du glacier de Saint-Sorlin s'éloigne du synclinal triasique (profils 7, 8 et 9). A la hauteur du lac Tournant, il faut traverser de 5 à 700 mètres de schistes archéens plus ou moins granulitiques avant d'arriver au Houiller, qui débute tantôt par des grès et des poudingues, tantôt par des conglomérats orthophyriques, ou même, près du point 2672 [1], par une nappe peu épaisse d'orthophyre massif. Si, comme c'est infiniment probable, le synclinal de Trias et de Lias se poursuit, par dessous les glaces, jusqu'au col des Quirlies (la moraine frontale du glacier de St-Sorlin contient d'assez nombreux blocs de dolomies blanches ou rousses), la distance entre le synclinal et le bord Ouest de la grande bande houillère atteint un kilomètre à la hauteur de l'Étendard. Le synclinal du lac Tournant qui, vers la combe d'Olle, coïncide à peu près avec le bord Ouest du synclinal houiller, s'écarte donc peu à peu de ce bord pour pénétrer en plein Archéen. La petite bande houillère que nous avons signalée près du Grand Lac, sur les pentes Sud-Ouest du sommet 2629, ne se prolonge pas beaucoup vers le Sud. On l'observe encore sur la rive droite du lac (profil 8) et jusqu'à l'extrémité Sud du lac Blanc : là, au milieu des moraines, on voit affleurer des schistes noirs, indubitablement houillers, plongeant à l'Est de 45° environ. Le recouvrement glaciaire ne permet pas de voir comment ce lambeau houiller se termine. Il n'est guère douteux qu'il ne marche parallèlement au grand synclinal houiller, et qu'il n'y ait, par conséquent, un pli hercynien épousé momentanément par un pli alpin, puis bientôt quitté par ce dernier. En tout cas, les directions des plissements alpin et hercynien ne sont pas rigoureusement parallèles.

Nous avons vu que, de la combe d'Olle au Grand-Lac, le Trias était à peu près exclusivement représenté par des cargneules. A partir du Grand-Lac, ce sont les dolomies blanches ou rousses qui prennent la prépondérance. Entre le lac Tournant et le glacier de Saint-Sorlin, les cargneules reparaissent, associées aux dolomies. Quant au Lias, il est toujours à l'état de calcaires marneux d'un bleu noir, alternant avec des schistes ardoisiers. Le faciès habituel est celui du Charmouthien de la région.

Sur la rive gauche du lac Tournant, on voit en plusieurs points, pincés au milieu des chloritoschistes verticaux, de petits lambeaux de dolomies triasiques. Appartiennent-ils à un autre synclinal ayant une individualité distincte, ou sont-ils dûs simplement à un crochet, à un zig-zag du synclinal principal ? La question est malaisée à trancher. Nous penchons cependant vers la première hypothèse.

[1] Ce point est marqué sur la carte d'Etat-Major 2972. Mais il y a là une faute d'impression évidente. L'Aiguille-Rousse (2690) est indubitablement le plus haut sommet de la crête qui court du glacier de Saint-Sorlin au col de la Croix-de-Fer.

Il ne nous reste plus à décrire que la large bande houillère des Granges de la Balme.

Ainsi que nous l'avons dit dans la première partie de notre étude, cette bande houillère est surtout formée de coulées d'orthophyres, de couches cinéritiques, de conglomérats orthophyriques, et, seulement pour une part beaucoup plus restreinte, de grès et de schistes. Au col de la Croix-de-Fer, la largeur de la bande houillère, entre les deux synclinaux liasiques, est de deux kilomètres, dont 1500 mètres environ d'orthophyres francs, et 500 mètres de tufs et de conglomérats. On peut déduire de là, avec une assez grande approximation la largeur totale du synclinal houiller, dont les deux bords sont ici cachés par le Trias et le Lias. Le bord Ouest doit couper l'Eau-d'Olle à peu près sur l'axe du synclinal du lac Tournant. Le bord Est, que nous signalerons plus loin au pied des Arênes, doit passer à peu près sous Pierre-Aiguë. C'est donc environ un kilomètre qu'il conviendrait d'ajouter à la traversée horizontale de la formation houillère. En tenant compte de l'inclinaison des bancs vers l'Est, on peut ainsi évaluer à 2500 mètres, au minimum, l'épaisseur véritable, comptée normalement aux assises. Nous verrons plus loin que le terrain houiller est, selon toute vraisemblance, replié deux fois sur lui-même en forme d'un M renversé. Mais ces plis sont certainement très serrés les uns contre les autres, et il y a tout lieu de croire que le synclinal bordier, situé à l'Ouest, n'a pas plus de largeur que le synclinal triasique qui lui est superposé. En tenant compte de ces diverses considérations, on est conduit à admettre que la puissance réelle de la formation orthophyrique dans la région de la Croix-de-Fer est d'au moins mille mètres. Sous cette formation orthophyrique, qui est seule à affleurer ici, il est probable qu'il y a encore un millier de mètres de grès, de schistes et de poudingues.

Les pâturages du Banc et de la Balme s'étendent sur une pente douce, souvent encombrée d'éboulis, dominée par l'arête rocheuse 2548-2274. Le fond de la combe est occupé par la moraine provenant de l'ancien glacier de Saint-Sorlin. Dans le thalweg même qui descend vers Pierre-Aiguë, on voit en quelques points apparaître une mince bande de cargneules, séparée des conglomérats orthophyriques par une faible épaisseur de quartzites. Ceux-ci nous ont été signalés par M. Révil. Sur la rive droite de la combe, le Lias commence bientôt et constitue toute la montagne 2193-2255. L'inclinaison du Trias et du Lias est vers l'Est, comme celles des nappes orthophyriques et des conglomérats, mais elle semble moindre. De Pierre-Aiguë au point 2857 des Arènes, le pendage moyen du Lias ne semble pas dépasser 45°, tandis que, dans la bande houillère, la moyenne de l'inclinaison atteint certainement 70°.

Sur le bord Est de la bande houillère, on constate encore cette obliquité de direction du plissement alpin et du plissement hercynien, que nous avons signalée sur le bord Ouest. De Pierre-Aiguë à la Romanche, le bord de la bande secondaire touche tantôt au Houiller, tantôt à l'Archéen. Elle correspond souvent à des plis multiples très aigus et très serrés, qui ont pris naissance sur le bord d'un synclinal hercynien, mais dont les axes chevauchent légèrement sur ce bord. Au contact même, la concordance semble toujours rigoureuse.

Considérée comme pli alpin, la bande houillère des granges de la Balme est un anticlinal légèrement penché vers l'Ouest. L'axe de cet anticlinal coïncide à peu près avec l'axe de la bande houillère, c'est-à-dire avec l'axe d'un synclinal hercynien. Ici, comme dans la grande bande houillère que Lory a appelée *la troisième zone alpine*, l'effet du plissement postérieur au Houiller a donc été le resserrement des synclinaux au point d'y faire surgir des plis multiples, le pli médian étant généralement un anticlinal très prononcé.

Jusqu'aux ravins descendus de l'Aiguille-Rousse (2690), les roches éruptives gardent la prépondérance : les conglomérats verticaux qui portent les châlets supérieurs de la Balme sont eux-mêmes remplis de galets d'orthophyres, et, de ces châlets jusqu'à la crête, la plupart des bancs sont formés de laves massives. Nulle part les coulées ne sont plus compactes et plus homogènes qu'au voisinage immédiat de l'arête 2629-2548.

Mais, dès que l'on a dépassé les premiers ravins, un complexe puissant de grès, de poudingues et de schistes remplace les orthophyres dans toute la moitié occidentale de la bande houillère. Sur le bord Ouest de cette bande, les orthophyres n'apparaissent plus que sporadiquement et en coulées peu épaisses. Sur la rive droite de l'un des ravins descendus de l'Aiguille-Rousse, dans des schistes noirs dirigés Nord-20°-Est et plongeant à l'Est de 70°, on a pratiqué récemment de petites recherches d'anthracite. Ces recherches, qui n'ont pas abouti, ont donné quelques empreintes végétales, dont l'étude vient d'être reprise par M. Révil.

Ainsi que nous l'avons dit plus haut, en traitant de la distribution des orthophyres, on ne peut savoir d'une façon certaine s'il y a passage latéral des coulées éruptives aux dépôts sédimentaires, ou si ces derniers forment dans les premières un anticlinal ou un synclinal. L'abondance des éboulis ne permet pas de suivre les bancs en direction, à travers les ravins. Nous inclinons cependant à croire que les poudingues, les grès et les schistes représentent la partie profonde du terrain houiller et qu'ils forment un anticlinal au milieu des orthophyres plus récents. Cette manière de voir se fonde sur ce que les poudingues en question ne renferment pas de galets d'orthophyre, sur ce que, à l'Est du lac Blanc, ils se raplanissent localement en formant une sorte de dôme, enfin sur l'existence indubitable d'un anticlinal analogue dans le cirque du Grand-Sauvage. Nous verrons plus loin que l'anticlinal du cirque du Grand-Sauvage est séparé de l'Archéen, à l'Ouest, par une faille qui correspond à un synclinal écrasé. La petite bande orthophyrique qui jalonne, au voisinage du lac Tournant, le bord Ouest du Houiller, correspondrait au même synclinal encore très aminci. Au Nord-Est de l'Aiguille-Rousse, l'anticlinal de poudingues, grès et schistes plongerait graduellement et disparaîtrait ainsi peu à peu sous les formations éruptives.

La moitié orientale de la bande houillère est à peu près exclusivement formée d'orthophyre, de tufs et de conglomérats orthophyriques, jusqu'en face du point 2289 de la chaîne des Arènes. Plus au Sud, les coulées s'amincissent et s'espacent, séparées par des poudingues à très gros blocs. Près du front du glacier de Saint Sorlin, on peut traverser toute la bande houillère, large de quinze cents mètres, sans recouper au total plus de deux ou trois cents mètres de formations éruptives. Au pied du point 2788, les gneiss granulitiques affleurent, dans le ravin parallèle au bord Est du glacier, entre le Houiller et le Lias. Les dépôts qui touchent immédiatement à ces gneiss et qui forment, selon toute probabilité, la base du Houiller, sont des poudingues à ciment gris et à gros blocs de granulite, poudingues dans lesquels nous n'avons pas trouvé de galets d'orthophyre. Ces poudingues s'observent jusqu'au voisinage du point 2857. Là ils font place peu à peu à des grès fins, bien lités, qui constituent toute la crête jusqu'au glacier des Quirlies.

Le sommet coté 2857 offre de curieuses anomalies stratigraphiques. Il est formé de schistes ardoisiers du Lias reposant sur le Houiller, avec ou sans intermédiaire de Trias. Au milieu de ces schistes du Lias, trois *klippes* apparaissent, trois anticlinaux aigus formés de gneiss granulitiques (voir coupe 5. Pl. III). La coupe est la suivante, quand on part du col sis immédiatement au Sud du point 2857, et qu'on marche au Nord :

Au col même, grès houiller ocreux, en couches verticales dirigées Nord-Ouest ;

Dolomies blanches ou roussâtres, puissantes de 2 m. seulement ;

Calcaire bleu noir en plaquettes *avec bélemnites* (Charmouthien), 100 m. d'épaisseur ;

Schistes ardoisiers noirs (20 m.) ;

Première *klippe*, gneiss granulitique en couches verticales, normales à la direction de l'arête, épaisseur 8 m. ;

Schistes ardoisiers noirs (20 m.) : ces schistes, d'abord Nord-Ouest se recourbent peu à peu vers le Nord et s'en vont former le sommet 2857 ;

Deuxième *klippe*, gneiss vertical, 8 m d'épaisseur ; ce nouvel anticlinal n'atteint pas l'arête ;

Nouveaux schistes ardoisiers noirs.

Quand on descend vers la combe de la Valette, on voit la première klippe se fermer tout de suite au milieu des schistes du Lias. Le deuxième anticlinal se poursuit quelque temps dans la direction du Sud, puis disparait à son tour. On voit alors apparaître une troisième klippe, un troisième anticlinal plus épais que les précédents. Il suit le ravin qui descend du dôme arrondi situé au Sud-Est du point 2857, se contourne de façon à traverser normalement le ruisseau du Grand-Sauvage, puis s'en va finir en pointe au milieu des schistes noirs du col du Fond-du-Ferrand. L'épaisseur de la bande gneissique atteint rapidement cent mètres, garde longtemps cette valeur, se renfle jusqu'à trois cents mètres sous la cascade du ruisseau du Grand-Sauvage, et diminue ensuite très vite jusqu'à zéro. Une bande continue de schistes noirs. très fissiles, *à faciès toarcien*, sépare constamment cet anticlinal de gneiss granulitiques de la zone, également très continue, des calcaires à bélemnites. Celle-ci touche immédiatement au Houiller, sans aucune interposition de Trias, dans toute la traversée de la combe de la Valette. Ce n'est que plus au Sud, dans la vallée du Ferrand, que reparaissent les dolomies triasiques. La figure 3, composée de divers profils numérotés du Nord au Sud, résume cette description.

Quand on monte de la combe de la Valette dans le cirque du Grand-Sauvage, on voit les grès et schistes houillers, d'abord verticaux au contact du Lias, se recourber graduellement en anticlinal. L'axe de cet anticlinal passe à peu près sous les petits lacs : sur les bords de ces flaques d'eau verte affleurent, en bancs presque horizontaux, des poudingues à blocs gigantesques. En escaladant les

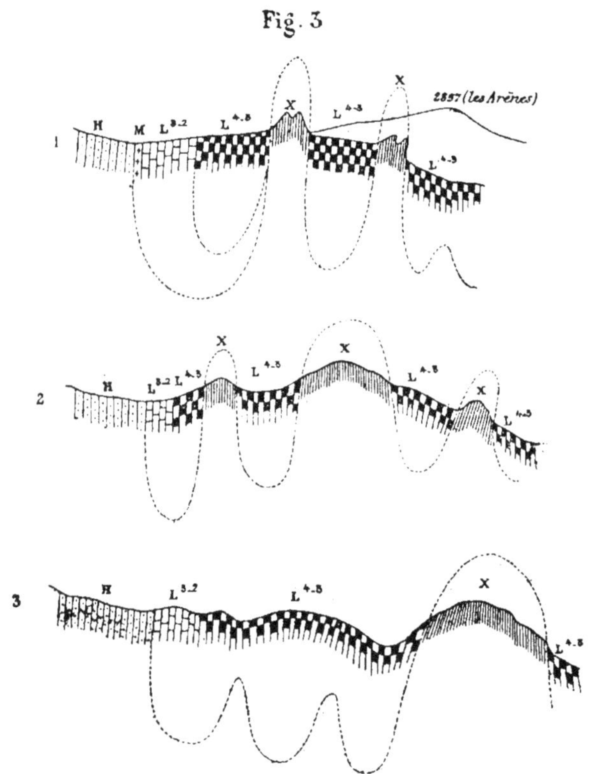


**Fig. 3. — Profils successifs en travers des plis multiples de la haute combe de la Valette.**

Légende : X Gneiss granulitiques archéens.
H Houiller.
M Dolomies du Trias.
$L^{3-2}$ Charmouthien inférieur (calc. à bélemnites).
$L^{4-5}$ Charmouthien supérieur et Toarcien (schistes noirs).

escarpements qui forment le fond du cirque, on voit reposer sur ces poudingues des poudingues plus fins, puis des grès et des schistes. L'arête qui limite à l'Est le plateau supérieur du glacier de Saint-Sorlin est faite de grès fins plongeant faiblement vers le Nord-Ouest. Au petit col neigeux où passe la limite du Houiller et de l'Archéen, sous la cime même du Grand-Sauvage, les bancs de grès, presque horizontaux ou faiblement inclinés vers l'Ouest, butent contre les gneiss granulitiques verticaux.

La figure 4 représente cette disposition. C'est à peu près la vue que l'on a devant les yeux, lorsque, escaladant la muraille rocheuse qui domine les lacs, on se retourne du côté du Grand-Sauvage et du col du Fond-du-Ferrand. La coupe n° 6 de la Planche III montre la même butée des strates houillères contre les gneiss verticaux, mais vue du glacier des Quirlies. C'est sur ce dernier versant, celui du Sud, que la faille, ou mieux le pli-faille, apparaît le plus nettement. Tout le couloir neigeux qui remonte au petit col est creusé dans des grès houillers peu inclinés, plongeant le plus souvent vers le Grand-Sauvage. Immé-

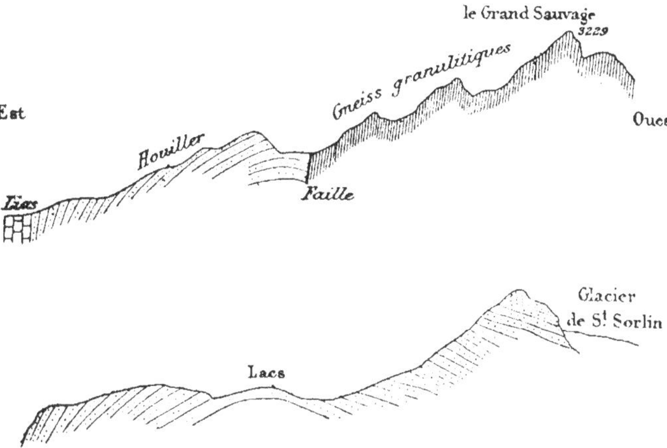


Fig. 4. — Coupes Est-Ouest à travers le cirque supérieur du Grand-Sauvage.

diatement à l'Ouest du couloir, les gneiss dressent leurs assises verticales ; ce contact anormal peut se suivre sur toute la hauteur de la pente de neige, c'est-à-dire sur trois cents mètres au moins. C'est un plan sensiblement vertical.

Nous arrivons ainsi à cette constatation très importante que la bande houillère située à l'Est des Grandes-Rousses n'est pas un pli synclinal unique et régulier encaissé dans l'Archéen. Le Houiller n'y affecte pas simplement la forme d'une cuvette à bords resserrés ; il y est reployé sur lui-même. Dans la région du Grand-Sauvage, et probablement aussi sous le glacier de Saint-Sorlin et sous les pâturages de la Balme, l'axe de la bande houillère correspond sensiblement à l'axe d'un anticlinal. Au Grand-Sauvage, cet anticlinal très élargi occupe à peu près toute la largeur de la bande, et les synclinaux qui le séparent de l'Archéen sont écrasés, au point d'être localement supprimés et remplacés par une faille. En avançant vers le Nord, ce même anticlinal plonge peu à peu ; les synclinaux bordiers s'élargissent ; dans ces synclinaux apparaissent les formations les plus jeunes du Houiller, celles où abondent les coulées d'orthophyre, jusqu'à ce qu'enfin le manteau supérieur, exclusivement formé d'orthophyres et de tufs orthophyriques, affleure seul, masquant désormais la complexité des plis sous le faciès uniforme de ses assises.

Le glacier de Saint-Sorlin, le plus beau glacier du massif des Rousses, a actuellement une longueur de 2500 mètres, à partir des grandes rimayes qui le séparent du dôme neigeux de l'Étendard. C'est un glacier peu incliné, mollement couché entre les escarpements granulitiques de la Cochette et l'arête de grès houiller qui descend du Grand-Sauvage. Il communique avec le glacier des Quirlies par un col de glace, le col des Quirlies, qui s'ouvre largement, à l'altitude de 2900 mètres environ, à travers l'arête qui court du Grand-Sauvage à l'Étendard. Il est infiniment probable que cette échancrure profonde correspond au synclinal du lac Tournant, et qu'ainsi la bande triasique des lacs se poursuit fort loin vers le Sud. Cette bande s'interrompt certainement au Sud du glacier des Quirlies, mais elle se reforme ensuite sous le glacier du Grand-Sablat, dont la moraine contient des blocs de dolomie. Tout porte à croire que le synclinal triasique du Château-Noir, dont nous parlerons bientôt, est le prolongement du synclinal du lac Tournant.

Le glacier de Saint-Sorlin est la vraie route de l'Étendard. Du col des Quirlies, quand la neige est dure, on atteint la cîme en moins de deux heures. C'est une course facile et splendide. Pendant toute l'ascension, la vue s'étend bien loin sur les Alpes Grées, sur le massif du Mont-Blanc, sur les cimes brumeuses des Alpes Pennines, et, plus près, sur les plis de la deuxième zone, qui semblent autant de vagues montant à l'assaut du haut promontoire archéen. Quand on est parvenu au sommet même du dôme de glace, on aperçoit tout à coup le massif entier du Pelvoux, avec ses coulées blanches et ses aiguilles de pierre ; on voit ce massif se souder à celui des Grandes-Rousses, et l'ensemble produit l'impression trompeuse d'une *klippe* immense, d'un *horst* formidable, surgissant brusquement au milieu des sédiments liasiques.

---

## CHAPITRE II

### DE LA COCHETTE A VAUJANY. COLS DU SABOT ET DU COUARD

La bande liasique de la vallée supérieure de l'Eau-d'Olle forme, au Sud du ravin de la Cochette, le massif escarpé des Aiguillettes et vient se terminer en synclinal, au milieu des dolomies et des cargneules, près du confluent des ruisseaux descendus des deux cols du Sabot et du Couard. Tout ce massif des Aiguillettes (Côtebelle, des anciens auteurs) est constitué par des calcaires et des schistes noirs, oscillant de part et d'autre d'un plan vertical Nord-Sud, mais toujours fort redressés. Le Trias (gypse) y forme au moins un anticlinal secondaire ; car on le voit apparaître en voûte sous les calcaires dans les deux vallées du Flumay et de la Cochette

Au delà du confluent des ruisseaux, le synclinal se prolonge, vers le Sud-Ouest, par les dolomies que l'on voit affleurer dans le lit du Flumay. Bien que la vallée soit encombrée d'éboulis, on peut affirmer que ces dolomies se raccordent, par dessous l'Enversin, à celles du Bessey, et, par conséquent, à celles d'Huez. On peut aller du Bourg d'Oisans au col du Glandon, par Villard-Reculas, Allemont, Oz, Vaujany, les Aiguillettes, sans quitter les terrains secondaires, Jurassique ou Trias. C'est à cette zone de terrains secondaires, resserrée entre la chaîne de Belledonne et le massif des Rousses, que nous avons donné le nom de synclinal de Vaujany.

Le col du Couard (ou de la Cochette) s'ouvre, à 2400 mètres environ d'altitude, sur la limite même du Trias et de l'Archéen. Celui-ci est formé de gneiss très granulitiques, verticaux et dirigés Nord-Sud. La bande triasique est constituée par des cargneules ; sa direction est Nord-Est au Sud du col, dans le petit ravin qui descend au Flumay ; elle devient Nord-Nord-Est sur le versant de la Cochette. Cette bande est encaissée entre les calcaires verticaux et les gneiss. Malgré la discordance de direction, les cargneules et les gneiss présentent toujours, dans ce contact vertical, une concordance apparente.

A l'Est du col, les cargneules s'étalent sur la tranche des gneiss et passent peu à peu à des dolomies qui sont nettement discordantes avec les assises archéennes. Ces dolomies se poursuivent, sur le plateau, jusqu'au voisinage du lac de la Jasse, sous la forme d'un synclinal à grand rayon de courbure dont le thalweg coïncide à peu près avec celui du ravin de la Cochette. Au Nord-Est du col du Couard, on voit le bord oriental de ce synclinal se renverser graduellement sous les schistes archéens, et, un peu plus loin, sous les schistes houillers. Les dolomies alternent, vers la base, avec de petits bancs gréseux : elles ont la patine capucin caractéristique du Trias des Petites-Rousses. Réduites, vers le Sud, à une faible puissance, elles prennent beaucoup d'épaisseur dans le cirque de la Cochette (jusqu'à 300 mètres).

La réunion du synclinal du lac de la Jasse au synclinal de Vaujany n'est complète et définitive qu'au delà de la crête 2342-2627. Sur le versant Nord du col du Couard, à gauche du torrent principal, on voit un instant reparaître, au milieu des cargneules et des dolomies, un anticlinal de schistes archéens, partiellement granulitisés. Ces schistes sont verticaux et dirigés Nord-Sud. Ils correspondent vraisemblablement à ceux qui supportent la partie inférieure du glacier des Rousses, la zone granulitique des lacs de la Jasse et de Neyzat passant, selon toute probabilité, sous le massif des Aiguillettes.

De l'autre côté des Aiguillettes, c'est encore une bande de cargneules qui sépare de l'Archéen les calcaires du Lias. Cette bande, fort épaisse au col du Sabot, va s'amincissant graduellement du côté du Nord. Elle est réduite à moins de cinquante mètres dans le ravin de la Cochette, et nous avons dit qu'elle disparaît complètement sur la rive droite de l'Eau-d'Olle.

Le col du Sabot (ou de Vaujany) correspond au passage de deux petits synclinaux très resserrés et très rapprochés, séparés du grand synclinal des Aiguillettes par une mince bande de schistes archéens. Ces deux synclinaux, qui s'en vont finir en pointe à peu de distance au Nord, se suivent aisément au Sud jusqu'à Vaujany, où ils rejoignent le synclinal principal. « Le long du pied « occidental de Côte-Belle, dit Dausse [1], dans la direction du col de Vaujany, la « roche primitive pousse un rameau au sein de la bande d'ardoise ; cette roche « est granitique le long de la limite de la partie secondaire de la montagne, et « schisteuse dans le ravin ; c'est alors un schiste noir ou vert qu'on confon- « drait aisément avec l'ardoise, s'il n'était accompagné de parties vertes ». Les plissements multiples du col du Sabot n'avaient donc pas échappé au patient observateur. On en retrouve d'ailleurs l'indication approximative sur les minutes laissées par Lory.

La coupe complète du col du Sabot figure sous le numéro 4 de la série des coupes générales (Planche III). On voit que les synclinaux ont des largeurs fort inégales, et que le synclinal de l'Ouest touche à des schistes archéens fort granulitisés et même à un amas de granulite franche. En partant de la granulite (Rochers Motas), et marchant vers l'Est, on rencontre successivement :

1° Une faible épaisseur de schistes archéens granulitisés, avec *poudingues* intercalés ;

2° Un peu de dolomie à patine capucin, avec intercalations gréseuses, non

[1] Dausse, *loco citato*, p. 141.

visible sur l'arête même du col, à cause des pâturages, mais bien observable à quelque distance au Sud, sur le chemin de niveau qui va au châlet Genevois ;

3° Des calcaires bleus compactes en dalles ou *lauzes*, ayant le faciès des dalles à bélemnites (Charmouthien) du massif du Pelvoux, mais ne renfermant pas de fossiles ; épaisseur 30 à 40 mètres ;

4° Des schistes noirs, ayant 100 à 150 mètres de traversée ; ces schistes ont le faciès toarcien ; l'érosion les a usés plus profondément que les autres termes, et ils correspondent à un premier col, où passe un petit sentier peu fréquenté ;

5° Un retour des calcaires bleus compactes, mesurant environ 100 mètres de puissance, et formant le point culminant entre le premier et le deuxième col ;

6° Des dolomies blanches et capucin, sans intercalations gréseuses, environ 20 mètres ;

7° Un petit banc de quartzites [1], épais de 1 à 2 mètres, visible seulement au col, et supprimé sur les deux versants par étirement ;

8° Une barre de schistes archéens, puissante de 30 à 40 mètres ; ce sont des schistes micacés, séricíteux et chloriteux ; au Nord et au Sud du col, on les voit s'injecter de granulite et passer à des gneiss ;

9° Des dolomies à patine capucin, avec quelques cargneules, et un peu de gypse au Sud du col [2] ; au col même, ces dolomies n'ont pas plus de 5 ou 6 mètres d'épaisseur ; elles apparaissent au fond d'une échancrure étroite, encaissée entre deux hautes parois de micaschistes ou de gneiss ; c'est cette échancrure qui est le véritable col du Sabot ; c'est là que passe le chemin muletier de Vaujany à la Grande-Maison ;

10° Un retour des schistes archéens granulitiques, avec bancs de *schistes micacés noirs* intercalés. Ces schistes noirs, dont Dausse signalait la grande ressemblance avec l'ardoise, n'ont pas plus de 3 à 4 mètres d'épaisseur sur l'arête même du col, mais ils prennent une très grande importance sur le versant Nord. Sur l'arête du col, les schistes granulitiques qui forment ce deuxième anticlinal ont environ 200 mètres d'épaisseur.

11° Puis viennent des dolomies blanches et capucin, associées à des cargneules ; c'est le bord du synclinal des Aiguillettes. Une troisième dépression, un troisième col, s'ouvre dans cette bande triasique. Un peu au Sud du col, les cargneules cachent en partie la voûte de schistes archéens ci-dessus décrite ; elles viennent s'étaler en couches presque horizontales au sommet arrondi coté 2167.

Sauf ce raplanissement local au point 2167, les diverses bandes que nous venons de traverser sont formées de couches verticales.

Sur le versant Nord, en descendant vers l'Eau-d'Olle, on voit le synclinal de

[1] Ces quartzites nous ont été signalés par M. Kilian.

[2] M. Kilian.

l'Ouest se rétrécir peu à peu et finir en pointe dans un petit ravin profondément encaissé. Les schistes toarciens disparaissent les premiers, puis les dolomies. Près de l'extrémité Nord, il n'y a plus qu'une faible bande de calcaire bleu compacte, laminée entre les micaschistes.

Le synclinal Est, celui du vrai col du Sabot, se prolonge plus loin dans la direction du Nord. On le voit rapidement s'élargir : le Lias apparaît au milieu des dolomies. Bientôt, à la hauteur du châlet Durif, les dolomies disparaissent sur les bords, et le Lias seul, de plus en plus puissant, remplit le synclinal. Cette bande liasique atteint son maximum de largeur (trois cents mètres), à la traversée de l'Eau-d'Olle. Les châlets de la Grande-Maison sont bâtis sur le Lias. Puis la bande s'amincit rapidement dans le petit ravin qui remonte au col de l'Agnelin. Elle finit à zéro à moins de 500 mètres de la Grande-Maison.

Entre le synclinal des Aiguillettes, dont la direction est Nord-20°-Est, et le synclinal de la Grande-Maison, dont la direction est Nord-Sud, l'anticlinal archéen s'élargit très vite. Les schistes noirs, qui n'ont au col que 3 à 4 mètres d'épaisseur, atteignent 500 mètres de puissance entre le châlet Durif et l'Eau d'Olle. Ce sont des schistes brillants, noirs ou vert foncés, parfois un peu gaufrés, contenant çà et là, des intercalations granulitiques. On les observe aisément dans les ravins qui descendent vers le confluent de la Cochette, et de l'Eau d'Olle. Ils sont toujours verticaux et leur direction est Nord-Sud. Au delà de l'Eau-d'Olle, ils passent à des variétés granulitiques.

Sur le versant Sud du col du Sabot, ce sont les bandes archéennes qui finissent en pointe après un parcours plus ou moins long, tandis que le Trias et le Lias s'en vont rejoindre à Vaujany le synclinal principal. L'anticlinal Ouest, toujours réduit à une très faible épaisseur, finit à moins d'un kilomètre du col. L'anticlinal Est, beaucoup plus important, forme une barre rocheuse bien visible de loin au milieu des pâturages : c'est elle, évidemment, que Dausse a en vue dans la description que nous avons rappelée plus haut. La largeur de cette bande archéenne atteint quatre cents mètres au confluent des deux ravins principaux. Peu après, on la voit disparaître sous des dolomies blanches, jaunes ou rousses, presque horizontales.

Les deux anticlinaux sont formés de gneiss granulitiques verticaux, auxquels s'associent, dans l'anticlinal Est, ces schistes noirs et verts dont nous avons parlé, et dont Dausse a fort justement fait ressortir l'aspect peu métamorphique.

Le double plissement du col du Sabot se retrouve, moins marqué et moins facilement observable, dans le grand ravin qui déchire la montagne immédiatement au Sud de la Villette. La succession est la suivante, en partant du haut du ravin, c'est-à-dire des gneiss amphiboliques :

1° Une bande de dolomies jaunes, épaisse de quelques mètres, supprimée d'ailleurs à quelque distance au Nord du ravin ;

2° Des schistes noirs très fissiles et très friables, à clivage parfois argenté (sériciteux), épaisseur 300 mètres ; au Nord du ravin, des calcaires bleus (Charmouthien) apparaissent entre ces schistes toarciens et le Trias ;

3° Des calcaires bleus en dalles et plaquettes, du type Charmouthien inférieur; épaisseur 50 mètres ;

4° Des dolomies blanches alternant avec des cargneules et des schistes satinés versicolores ; ces schistes ont le faciès des phyllades triasiques du Briançonnais (Cucumelle) ; épaisseur 200 mètres ;

5° Un anticlinal de micaschistes et de gneiss granulitiques, épais d'une vingtaine de mètres, visible seulement dans le ravin ; au Nord et au Sud, il est recouvert d'une voûte de dolomies ;

6° Des dolomies blanches avec cargneules et schistes satinés versicolores ; épaisseur 50 mètres ;

7° Des schistes micacés, faiblement feldspathisés ; quand on suit la route dans la direction de Vaujany, on voit, à peu de distance du ravin, ces schistes s'adosser à des phyllades et à des poudingues houillers ; épaisseur dans le ravin, 100 mètres environ ;

8° Des dolomies et des cargneules remplissant toute la partie inférieure du ravin et tout le lit du Flumay ; c'est le prolongement du synclinal des Aiguillettes.

La figure 5 résume cette énumération et montre l'inclinaison des couches.

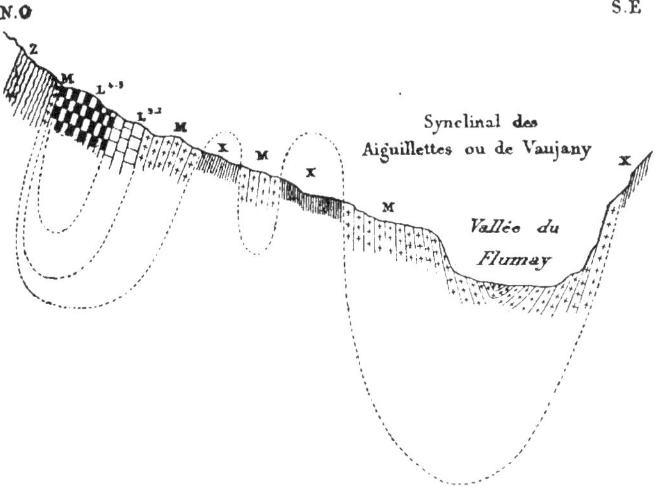


Fig. 5. — Coupe N.-O.-S.-E. le long du grand ravin de la Villette. Légende de la figure 3 (Z, gneiss amphiboliques).

Au Sud du ravin de la Villette, les éboulis cachent la plus grande partie des affleurements. Il semble que le Houiller forme à lui seul l'anticlinal de l'Est. L'anticlinal Ouest a disparu. Le synclinal liasique s'élargit progressivement. L'église de Vaujany est bâtie sur le Lias, et c'est au Lias encore qu'appartiennent tous les affleurements visibles jusqu'à la plaine de l'Eau-d'Olle. En amont du confluent du Flumay, près du pont de la Condamine, un autre synclinal, détaché, comme ceux que nous venons d'étudier, du synclinal principal, s'avance dans la direction du Nord, au milieu des gneiss granulitiques. Ce synclinal ne renferme que des calcaires et des schistes du Lias, verticaux et laminés ; le Trias n'y apparaît point. On sait que ce dernier terrain manque également sur la rive droite de l'Eau-d'Olle entre les micaschistes de Belledonne et le bord Ouest de la grande bande de Lias.

Nous avons décrit dans la première partie (Chapitres I et III) le massif cristallin des Rochers Rissiou, compris entre le Flumay et l'Eau-d'Olle. Nous n'y reviendrons pas. Qu'il nous suffise de rappeler que ce massif est le flanc oriental d'un grand anticlinal de gneiss et micaschistes, dont l'axe coïncide à peu près avec la combe d'Olle, d'Oz au Rivier d'Allemont. Le terme supérieur de la formation primitive est une puissante série de gneiss amphiboliques granulitisés. Entre les micaschistes les plus anciens, ceux du Rivier ou d'Articol, et ceux de la crête 2627-2324, s'intercale un amas considérable de granulite, ayant jusqu'à deux kilomètres d'épaisseur. Ce laccolithe n'a qu'une très faible extension suivant la direction de la chaîne.

Il n'est pas douteux que l'anticlinal des Rochers Rissiou ne se prolonge au Sud, par dessous le synclinal de Vaujany. C'est lui que l'on retrouve à la Garde, ayant pris une direction Sud-Est. Quant à son prolongement Nord, il forme, d'après M. Offret, une grande partie du massif des Sept-Laux. Les schistes granulitiques du Rocher Blanc sont ceux du point 2627 des Rochers Rissiou : les gneiss amphiboliques des Rochers Billans et de la haute combe de Madame prolongent, sans solution de continuité, ceux du Signal de Vaujany.

# CHAPITRE III

## LE VERSANT OUEST DE LA HAUTE CHAINE. LES PETITES-ROUSSES

Entre le bord Est du synclinal de Vaujany et d'Oz et la haute crête qui court de l'Étendard à l'Herpie, le versant occidental des Rousses est formé de trois plateaux, très allongés parallèlement à la chaîne, séparés les uns des autres par des gradins de 4 à 600 mètres de hauteur verticale. Le plateau inférieur, celui de l'Alpetta ou des Balmes-Rousses, est une région de pâturages, parsemée de petits lacs, les lacs Noir, Besson, Volant, Carrelet : le sol est formé de granulite très impure ou de gneiss très granitoïdes ; de nombreux lambeaux de dolomies triasiques traînent à la surface du plateau, remplissent les combes, et viennent buter contre la falaise qui domine à l'Est les pâturages. Le plateau intermédiaire, celui des Petites-Rousses, est un long désert de pierres, où s'étalent quelques lacs, à demi-glacés jusqu'au cœur de l'été, les lacs Blanc, de la Fare, de Balme-Rousse et de la Jasse ; la roche dominante est la granulite franche ; les lambeaux triasiques sont devenus rares ; on en trouve pourtant jusqu'à la cote 2813 m. (Petites-Rousses). Le plateau supérieur est celui du glacier des Rousses ; il correspond à un synclinal houiller couché vers l'Ouest, et compris entre des schistes archéens plus ou moins granulitiques. Au-dessus de ce dernier plateau, il n'y a plus que les escarpements ruinés de l'arête centrale, composés de gneiss très granulitiques entre l'Étendard et le pic Bayle, de micaschistes, de schistes micacés et de schistes oligistifères entre le pic Bayle et l'Herpie. La direction des plis hercyniens varie de Nord-5°-Est (l'Alpetta) à Nord-20°-Est (arête centrale) ; les plis alpins, accusés par les ondulations des témoins triasiques, ont la même direction que les plis hercyniens.

En étudiant avec soin le pied de la falaise granulitique des Petites-Rousses, on constate que cette falaise correspond à une véritable faille d'affaissement, déjà indiquée par Lory. Cette faille est en relation avec un plissement brusque ou un accident d'une époque très reculée, car elle forme, sur plus de 6 kilomètres de longueur, la limite à peu près exacte de la granulite franche et des variétés granitoïdes impures. La figure 6 est un croquis relevé à peu de distance à l'Est du lac Besson ; on y voit les bancs triasiques plonger vers le pied de la falaise [1].

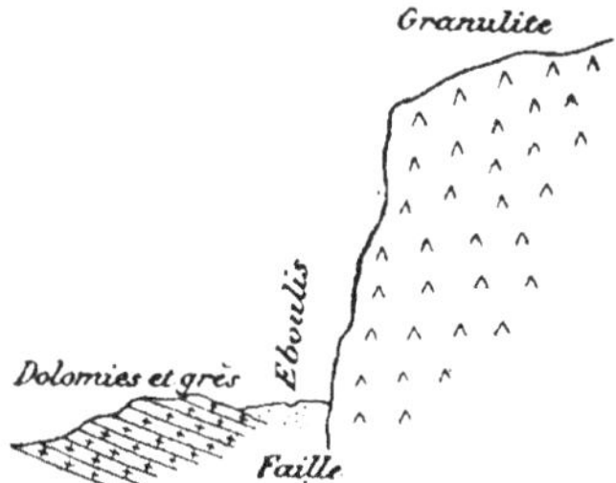


Fig. 6. — Couches triasiques plongeant vers la granulite, près le lac Besson.

L'affleurement de cette cassure est remarquablement rectiligne, et le seul fait de cette rectilignité presque absolue du bord de l'escarpement des Petites-Rousses ferait songer à une faille. Le rejet commence à zéro à environ un kilomètre au Sud du canal de Villard-Reculas, marche vers le Nord, en augmentant d'amplitude, jusqu'au lac Carrelet : dans cette région, il semble atteindre 200 mètres, si l'on en juge par la position des quelques lambeaux triasiques éparpillés sur le versant Ouest des Petites-Rousses. La faille subit alors vers l'Est un décrochement d'environ 500 mètres. Elle reparaît, après ce décrochement, sur la rive droite du grand torrent de Balme-Rousse ; mais elle est moins nette et son amplitude paraît diminuer rapidement.

Au voisinage de cette faille, les bancs triasiques, dont l'allure est en général tranquille, sont souvent très tourmentés. La figure 7 indique les deux types principaux de ces contournements.

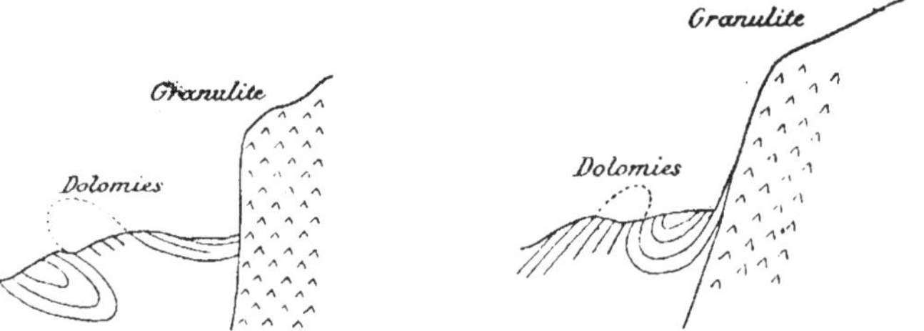


Fig. 7. — Contournements des dolomies au toit de la faille des Petites-Rousses.

On ne peut douter qu'il n'existe de même une faille entre les petits lambeaux triasiques éparpillés sur le versant Ouest des Petites-Rousses (la plupart de ces lambeaux sont de minces bancs de poudingues adhérant à la surface de la granulite) et la couverture de Trias qui recouvre le sommet même de la montagne (point 2813). C'est ce qu'indique notre coupe n° 7 (Planche IV). Il est tou-

[1] Voir aussi les coupes 6, 7 et 8 (Planches III et IV).

tefois impossible de marquer avec précision l'affleurement de cette deuxième faille. Une troisième faille existe peut-être à l'Est de la plaine des Petites-Rousses, au pied de l'escarpement qui supporte le glacier : c'est à elle que serait due la rectilignitée absolue (sur une longueur d'environ 1000 mètres) de la limite de l'Archéen et du Trias. La figure 8 montre en effet, près de la limite, les grès et les dolomies plongeant vers la montagne.

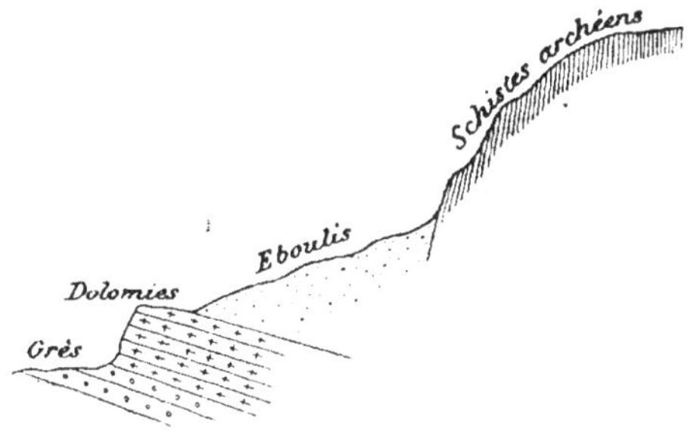


Fig. 8. — Trias butant contre l'Archéen, à l'Est des Petites-Rousses.

Mais l'abondance des éboulis est telle que l'on ne peut rien affirmer au sujet de l'existence, ni, à plus forte raison, au sujet de l'emplacement et du rejet de la cassure en question.

Les failles des Petites-Rousses sont rigoureusement parallèles aux plis. Nous les considérerions volontiers comme d'anciens plis-failles, antérieurs peut-être au Houiller, et qui auraient rejoué à l'époque du plissement alpin.

Les divers synclinaux triasiques du plateau de l'Alpetta viennent tous aboutir au grand synclinal des Aiguillettes, comme des ruisseaux à un fleuve. Ils conservent jusque très près du confluent leur direction voisine de Nord-Sud, pour se recourber brusquement vers le Nord-Est. On peut distinguer trois synclinaux principaux, celui du lac Noir, celui des lacs Volant et Carrelet, celui enfin qui suit le pied de la falaise de granulite. Le synclinal du lac Noir se prolonge vers le Nord par la petite combe située à l'Ouest du point 2111 ; il passe vraisemblablement vers le sommet de la grande cascade ; mais ce synclinal est à peu près complètement vidé de dolomies triasiques. Le synclinal des lacs Volant et Carrelet a son prolongement vers le Nord marqué par les petits lambeaux de dolomies des châlets Faure et Jacquemet. Quant au synclinal du pied de la falaise, il s'en va rejoindre le synclinal des Aiguillettes près du châlet Didier. Entre ces divers synclinaux, les anticlinaux ont presque partout perdu leur couverture triasique. Pourtant, aux environs du lac Besson, les dolomies occupent la plus grande partie du plateau, et leur épaisseur, dans le ravin qui aboutit à l'extrémité Nord du lac, dépasse 80 mètres.

Sur le plateau des Petites-Rousses, il n'y a pas d'autre lambeau de Trias que celui du point 2813, et celui dont nous avons parlé au précédent chapitre, qui va du lac de la Jasse au col du Couard. Il est certain que ces deux lambeaux appartiennent à un seul et même synclinal, presque entièrement vidé de toute formation secondaire, et correspondant à la dépression occupée par les lacs. Ce synclinal est à peu près parallèle à la grande bande de granulite franche qui va des Petites-Rousses au lac de la Jasse par les bords Ouest des lacs de la Fare et de Balme-Rousse. C'est un pli à très grand rayon de courbure : le fond du pli montre des strates triasiques horizontales ou très faiblement inclinées reposant sur la tranche de schistes archéens verticaux.

Au dessus des Petites-Rousses, le Trias n'apparait plus sur le versant Ouest de la haute chaîne. La cote 2800 est la plus haute à laquelle on rencontre aujourd'hui des sédiments triasiques dans la chaîne des Rousses. On peut voir sur nos coupes que l'altitude réellement atteinte par les bancs inférieurs du Trias après le plissement alpin a dû être comprise entre 3,600 et 4,000 mètres.

L'escarpement qui porte le glacier des Rousses est formé de schistes archéens gris ou verts, lustrés et satinés, peu feldspathiques, et de schistes très granulitiques, ces deux variétés alternant en bandes parallèles. Les couches sont verticales dans le fond de la combe des lacs, mais elles se couchent peu à peu vers l'Ouest au fur et à mesure que l'on monte, et, à la base du glacier, la plongée est de 50 à 60 degrés vers l'Est. Des niveaux de granulite blanche apparaissent à diverses hauteurs, bien visibles sur le fond noir ou rouillé de la muraille.

Le Houiller n'apparaît en dessous du glacier qu'au Sud du pic du lac Blanc (sommet 3, 3332), à la limite des communes d'Huez et d'Oz. Le bord Ouest du synclinal houiller est formé en cet endroit d'un banc de grès massif, extrêmement serré et compacte, peu métamorphique.

Au Nord de ce point, la plus grande partie du terrain houiller est cachée par le glacier, et l'on ne peut observer les strates houillères en place qu'au pied des escarpements de la haute crête. La plupart des éperons rocheux qui servent de contreforts à cette crête, et qui s'avancent au milieu des glaces, ont leurs bases formées de schistes houillers très noirs et très friables, alternant avec des grès fins et des schistes verts. La plongée est toujours vers l'Est, parfois très faible (de 30 à 60 degrés). Nulle part, le Houiller ne monte jusqu'à l'arête. Au voisinage des lacs de la Fare et de Balme-Rousse, la moraine frontale du glacier renferme de nombreux débris de schistes houillers, quelques-uns avec *Annularia*.

Quand on a dépassé, en marchant vers le Nord, la grande brèche qui s'ouvre entre l'Étendard et le pic Bayle (brèche des Grandes-Rousses), on voit tout affleurement houiller disparaître. Les contreforts occidentaux de l'Étendard, par où l'on fait habituellement l'ascension de ce pic, sont exclusivement formés de gneiss granulitiques. Le synclinal houiller se ferme donc en pointe, sous le glacier des Rousses, au Sud Ouest de l'Étendard. Mais, si l'on suit la base des névés de la Cochette, en observant attentivement le faciès et la direction des assises, on arrive à cette conviction, que le synclinal houiller de la Demoiselle, dont nous avons parlé plus haut, prolonge celui du glacier des Rousses. Dans tout l'intervalle, en effet, la direction des bancs ne varie pas, ni leur plongée vers l'Est. Les gneiss granulitiques du glacier de la Cochette se rattachent évidemment à ceux de l'Étendard ; les schistes verts, partiellement granulitisés, qui apparaissent en anticlinal, au Nord du col du Couard, au milieu des dolomies et des cargneules, étant la suite évidente de ceux du lac de Balme-Rousse.

Nous verrons plus loin que le vallon du lac Blanc correspond à deux synclinaux alpins confluents. Leur prolongement vers le Nord est évidemment le synclinal des Petites-Rousses. Il est probable que le fond du lac est en partie formé d'un revêtement triasique. comme le fond du ravin où coule l'émissaire. La petite plaine qui s'étend au Sud-Est du lac montre plusieurs lambeaux dolomitiques, nettement discordants sur les schistes archéens.

En regardant vers l'arête des Rousses. on distingue très bien, des bords du lac Blanc, le passage de la bande houillère, à moitié cachée par les névés et les petits champs de glace. Elle fait l'effet d'un ruban noir jeté sur une étoffe d'un vert sombre. Au dessus de ce ruban noir, les schistes oligistifères de l'arête simulent un autre ruban, de couleur roussâtre.

C'est au lac Blanc que se termine, du côté du Sud, la région des Petites-Rousses. Ce lac est le plus beau de tout le massif des Grandes-Rousses. Ses eaux profondes, d'un bleu admirable, sont enchassées entre la granulite et les schistes, et les falaises blanches de la rive droite, réflétées longuement dans l'azur noir des eaux, contrastent étrangement avec les pentes sombres de la rive gauche. En juillet, les deux rives se couvrent de fleurs, et les femmes d'Huez viennent en foule y cueillir des violettes. L'effrayante solitude du lieu est alors troublée pour quelques jours. La cueillette finie, rien ne vient plus rompre le silence de l'étroite combe, que le bruit lointain des pierres qui croulent dans les couloirs de la haute chaîne, et le murmure continu des eaux courantes.

---

## CHAPITRE IV

### DE L'ÉTENDARD AU FRENEY. VERSANTS EST ET SUD DES ROUSSES

Nous retrouvons ici le prolongement des plis étudiés au chapitre 1er. L'arête des Rousses est la suite de l'anticlinal archéen de Montfroid. Un petit synclinal triasique, caché par le glacier du Grand-Sablat et se prolongeant au Sud par la bande de cargneules du Château-Noir.est la continuation évidente du synclinal du lac Tournant. La large bande houillère de Chatagouta, de Sarenne, de Clavans, du Freney, prolonge celle des granges de la Balme. Enfin, le Lias de la vallée du Ferrand, brusquement redressé contre le bord Est de la chaîne, appartient au même synclinal que le Lias des Arènes, à celui que nous avons désigné, sur nos coupes, par le nom de « Synclinal de Clavans ».

Il y a peu de choses à dire sur la région glacée. Du col des Quirlies au Mont-Savoyat, les rochers qui affleurent au milieu des glaces, de même que ceux de l'arête principale,sont constitués par des gneiss granulitiques alternant avec des couches de micaschistes à séricite et chlorite. L'orientation est toujours bien nette, parallèle presque partout à la direction de la chaîne. Les assises sont toujours très redressées, habituellement verticales. Des veines d'aplite blanche montent au milieu des gneiss, se ramifient en apophyses irrégulières, s'extravasent en amas aux formes bizarres. Au pied du col des Quirlies, on observe de beaux gneiss glanduleux, très sériciteux et très chloriteux. Le faciès général est très cristallin, presque *primitif*. On ne voit pas d'amphibolites.

C'est dans ces assises d'un si haut métamorphisme que l'on voit apparaître, au petit col de glace par où l'on va du glacier des Quirlies à celui des Malatres, des poudingues relativement grossiers, à galets de quartz et de granulite. Ces poudingues *alternent* avec les gneiss granulitiques: ils sont eux-mêmes traversés et injectés par la granulite. A peu de distance à l'Est, l'arête qui limite au Sud le glacier des Quirlies, est formée de gneiss granulitiques, de nappes d'aplite, de chloritoschistes, de schistes noirs. Le Houiller ne commence qu'à une grande aiguille située au N.-E. du point 2958. La direction des bancs archéens est Nord-Sud, avec un pendage de 80° vers l'Est.

Le Mont-Savoyat est constitué par des gneiss granulitiques de couleur claire, très feldspathiques, comparables, à ce point de vue, à ceux de l'Étendard. Sur l'arète principale, c'est au pic Bayle (sommet Sud, 3473m.) que finissent les roches très granulitiques. A partir de là, au fur et à mesure que l'on marche vers le Sud, on voit la feldspathisation diminuer graduellement. Au pic de la Pyramide, la crête est déjà formée de schistes verts, noirs ou bruns. Ces schistes se chargent peu à peu d'oligiste. Au pic du Lac Blanc (sommet 3, 3332 m.), l'arète est faite de ces schistes cassés, fissiles, durs de couleur roussâtre, que nous avons appelés schistes de l'Herpie, et que l'on peut suivre désormais, sans aucune solution de continuité. jusqu'aux gorges de la Sarenne.

Tout le long de l'arète des Rousses, la direction des bancs est celle même de l'arète. Le pendage est souvent difficile à observer dans les variétés granulitiques du Nord ; il semble osciller de part et d'autre du plan vertical. Au Sud du pic Bayle, et jusqu'à la Romanche, le pendage est vers l'Est, sous un angle moyen de 70°.

La moraine frontale du glacier du Grand-Sablat contient quelques rares cailloux de dolomie triasique. Nulle part, cette dolomie n'est visible *in situ*, mais il est à peu près certain qu'elle provient d'un point situé très près du front du glacier. Le synclinal correspondant doit passer, avec ou sans Trias, à la base du Mont-Savoyat, au col de glace qui sépare le glacier des Malatres de celui des Quirlies, et au col des Quirlies. C'est donc, selon toute vraisemblance, celui du lac Tournant, qui se rapprocherait ainsi peu à peu de la bande houillère, après s'en être d'abord écarté. Nous le verrons bientôt rentrer dans le Houiller.

Passons maintenant à l'étude de la longue bande houillère qui va du Grand Sauvage au Freney. Cette étude est fort intéressante.

Nous avons vu que sous le cirque du Grand-Sauvage, et au col du Fond-du-Ferrand, le Lias à bélemnites touche immédiatement au Houiller ; mais nous savons déjà, par les klippes de gneiss du point 2857, que ces bancs houillers qui touchent au Lias sont eux-mêmes très près de la limite du Houiller et de l'Archéen. Et en effet, quand on descend vers le Ferrand, on voit bientôt apparaître les gneiss entre le Houiller et le Secondaire. Ce sont ces gneiss qui forment les grands escarpements par où l'on monte au glacier des Quirlies. Nous les suivrons désormais jusqu'à Sarenne.

Près des cascades du Ferrand, au Sud-Est du Grand-Sauvage, un petit synclinal local ramène le Houiller au milieu des gneiss granulitiques. Ce synclinal, rempli de schistes noirs, peut se suivre dans une sorte de cheminée escarpée : il va se perdre au Nord dans la grande bande houillère. Au Sud, il se vide rapidement et devient invisible. Non loin de là, sous la cascade supérieure du Ferrand, un autre repli très aigu des gneiss contient une bande de dolomies brunissantes, large d'une dizaine de mètres, qui semble s'écraser, un peu plus au Nord, entre le Lias et le Houiller. Du côté du Sud, cette bande triasique ne s'interrompt plus, et va rejoindre, à l'Ouest du châlet Aubert, le synclinal de Clavans.

A l'Ouest du châlet Aubert, au pied d'une petite cascade qui descend du glacier des Quirlies, la coupe est la suivante, du gneiss de l'escarpement au Lias de la vallée :

1° Gneiss, avec schistes quartziteux et micaschistes à séricite ;

2° *Grès houiller*, noir, micacé ; épaisseur 1 mètre ;

3° Dolomie grise, à patine brune ; épaisseur 3 à 4 mètres ;

4° Dolomie blanche, à patine jaune ; épaisseur 10 mètres ;

5° Calcaires et schistes du Lias (Charmouthien).

Ainsi, le Houiller reparaît à l'Est de l'anticlinal archéen. Comme les dolomies brunissantes de la coupe ci-dessus se rattachent sans solution de continuité à celles de la cascade supérieure du Ferrand, il devient évident que ce petit lambeau houiller se rattache au synclinal de schistes noirs dont nous avons parlé tout-à-l'heure. L'anticlinal archéen de la base du glacier des Quirlies correspond donc à cette voûte si marquée de la formation houillère dans le cirque du Grand-Sauvage. Son axe, prolongé vers le Nord, passerait sous les lacs de ce cirque. A l'Est de cet anticlinal, le plissement alpin a accumulé les uns sur les autres plusieurs plis très aigus et très serrés. D'où cette bande triasique au milieu des gneiss, cette suppression, sur trois kilomètres de longueur, entre les terrains primaires et le Lias à bélemnites, du Trias et du Lias inférieur, et enfin ces klippes gneissiques de la haute combe de la Valette, entourées de tous côtés par les schistes toarciens.

L'arête déchiquetée qui limite au Sud le glacier des Quirlies offre une coupe complète de la bande houillère. Toutes les couches sont verticales ou plongent de 70° au moins vers l'Est. On n'observe pas d'orthophyres, mais seulement des conglomérats à gros blocs de gneiss et de granulite, des schistes verts, et, plus rarement, des schistes noirs. Au contact avec l'Archéen, du côté Ouest, rien n'indique le pli-faille que nous avons constaté au Grand-Sauvage. Ce pli écrasé est devenu le vaste synclinal, large d'un kilomètre, que nous venons de traverser. Au Sud de l'arête en question, sur le plateau des Malatres, au milieu des affleurements moutonnés et polis des conglomérats à gros blocs, on voit apparaître quelques bancs d'orthophyre ou de tufs orthophyriques. Ils correspondent, selon toute vraisemblance, à l'axe même du synclinal.

Par le travers du point 2958, la bande houillère a 1500 mètres de largeur. Les poudingues ont toujours la prépondérance. Ils sont parfois associés, près du front du glacier du Grand-Sablat, à des grès verdâtres, sorte d'arkoses difficiles à distinguer des gneiss.

A l'Est de la bande houillère, l'anticlinal du cirque du Grand-Sauvage ramène une bande continue d'Archéen. Cette bande va se resserrant, quand on marche vers le Sud, entre le Houiller et le Secondaire. Sa largeur, qui était d'environ 800 mètres sous le glacier des Quirlies, n'est plus que de 400 mètres aux châlets Eyniard. La granulitisation y est variable. D'abord très intense, à la hauteur du châlet Aubert, elle devient nulle sous les Malâtres : le contraste est alors très net entre le Houiller, formé de conglomérats solides et massifs, et les schistes fissiles et profondément délités de l'Archéen. Au Sud du châlet Chèze, la granulitisation recommence, et grandit jusqu'à Sarenne.

La vallée du Grand-Sablat, encombrée de moraines sur une largeur de 200 à 500 mètres, interrompt un instant la continuité de la bande houillère. A l'origine de la belle cascade, par où les eaux de cette vallée se précipitent dans la combe du Ferrand, l'Archéen granulitique affleure, et l'on voit assez nettement son contact avec le Secondaire.

Au Sud du Grand-Sablat, le Houiller reparaît dans l'arête 2725-3135. Mais ici la bande n'est pas continue. Deux anticlinaux font surgir les gneiss granulitiques au milieu des strates houillères. La coupe est bien visible des bords du petit lac desséché du Cerisier, situé au Sud de cette arête (fig. 9).

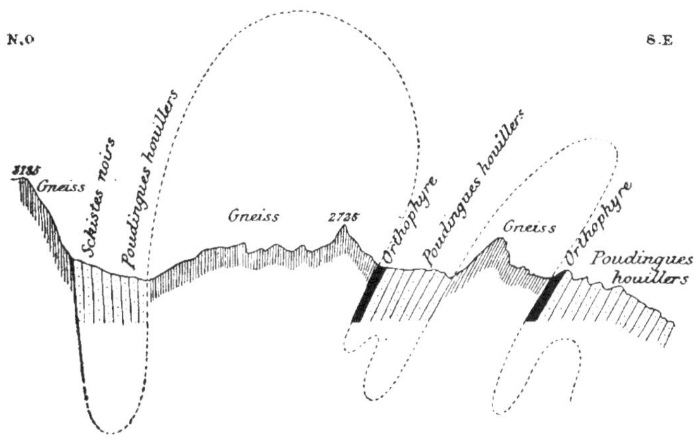


Fig. 9. — Reploiement du Houiller et de l'Archéen, coupe N.O.-S.E., au Nord du lac du Cerisier.

Dans les trois synclinaux de cette coupe, la prédominance appartient aux poudingues, voire même aux conglomérats à gros blocs, sauf peut-être dans celui de l'Ouest (entre les point 2725 et 3135) où il y a beaucoup de schistes noirs. Les deux anticlinaux sont formés de gneiss granulitiques très blancs, et qui, même de loin, se distinguent aisément du Houiller. Ces anticlinaux peuvent se suivre sur le versant Nord de l'arête, jusqu'aux moraines du Grand-Sablat. Ils ne sont plus visibles au Nord de ces moraines, où la bande Houillère est continue, comme nous l'avons déjà dit, sur 1500 mètres de largeur.

Il est assez remarquable que ces anticlinaux soient flanqués à l'Est, et seulement à l'Est, d'une petite bande d'orthophyre. Nous inclinons à croire [1] que ces orthophyres sont plus jeunes que le reste du terrain houiller, et qu'ils représentent ici des synclinaux secondaires écrasés sous le bord renversé des anticlinaux. C'est ce qu'indiquent les ponctués de la fig. 9. Il va sans dire que ces ponctués sont purement hypothétiques.

[1] Voir plus haut, Chap. I.

Au Sud du lac du Cerisier, on ne voit plus qu'un seul anticlinal de gneiss granulitiques, formé de gneiss verticaux dirigés Nord-Sud. Cet anticlinal monte jusqu'à l'arête Est-Ouest qui domine, au Sud, le lac du Cerisier ; puis, il disparaît écrasé dans le Houiller, et le cirque qui s'ouvre à l'Est du point 2939 ne montre plus aucun affleurement archéen. La crête est en grande partie composée d'orthophyres et de tufs orthophyriques. Les orthophyres descendent même sur le versant Est de l'anticlinal, jusque très près du lac du Cerisier. Ils se rattachent ainsi, indubitablement, à ceux de la figure 9. A l'Ouest de l'anticlinal, les formations éruptives n'apparaissent point. On ne les retrouve pas non plus sur le bord Ouest de la bande houillère, près du glacier de Sarenne. L'étude de la région en question ne permet donc pas de décider si les orthophyres sont en haut ou en bas de la formation houillère.

C'est au Sud-Est du lac du Cerisier et sur le bord oriental de la bande houillère que se trouve la petite mine de Chatagouta, depuis longtemps concédée. Elle s'ouvre sur une veine d'anthracite, extrêmement irrégulière, enclavée dans des grès verticaux. Un banc de grès de quelques mètres d'épaisseur sépare seul l'anthracite des gneiss archéens, et ceux-ci finissent eux-mêmes en biseau entre le Houiller et le Secondaire. Nul doute qu'au Sud de la mine le Secondaire ne touche directement au Houiller, comme il arrive plus au Sud sur Clavans: mais d'immenses éboulis, descendus des crêtes qui convergent au point 2939, rendent toute observation impossible entre la mine de Chatagouta et Clavans-d'en-haut.

L'anticlinal du cirque du Grand-Sauvage ramène de nouveau les gneiss au Sud-Ouest de la mine, à la tête des ravins formidables qui descendent vers le point 1645 (Le Perron). A partir de là, les gneiss, extrêmement granulitiques, se poursuivent jusqu'à Sarenne, avec un pendage variable, toujours très fort, tantôt vers l'Est, tantôt vers l'Ouest. A Sarenne même, sur l'arête qui remonte à la Croix-de-Cassini, ces gneiss ont une inclinaison de 80° vers l'Est : ils alternent avec des schistes verts et des schistes noirâtres, plus ou moins feldspathisés. Tout ce complexe mesure 800 mètres d'épaisseur à l'endroit où il est traversé par le chemin muletier de Clavans à Sarenne. Au pied des lacets, près des maisons de Jouffray, on voit des schistes houillers reparaître sous l'Archéen. Cet affleurement est interrompu de tout côté par les éboulis, mais il n'est pas douteux qu'il ne se relie à ceux qui forment, au dessus de Clavans, tout le versant Est de la Croix-de-Cassini.

A l'Est de Sarenne, la bande de gneiss granulitique n'a plus que 2 ou 300 mètres de largeur. En suivant l'arête de la Croix-de-Cassini, on voit cette bande finir en coin et disparaître sous les poudingues houillers. La Croix-de-Cassini est ainsi une voûte de terrain houiller, tout comme le cirque du Grand-Sauvage, et ces deux voûtes correspondent au même anticlinal : mais le pli est incomparablement plus serré à Sarenne qu'au Grand-Sauvage.

Au-dessus de Sarenne, il n'y a guère que Houiller et orthophyres. C'est dans

[1] Voir nos coupes 8, 9 et 10, Pl. IV et V.

cette région que la bande houillère, qui est à la vérité repliée plusieurs fois sur elle-même, atteint sa plus grande largeur (deux kilomètres). Un anticlinal la partage en deux au Sud du Château-Noir : c'est selon toute vraisemblance, le prolongement de l'anticlinal le plus oriental du lac du Cerisier. Le Château-Noir se trouverait donc sur l'axe d'un pli anticlinal extrêmement serré, dont les prolongements passeraient : au Nord, par la cime même du Grand-Sauvage (3229) et la crête 2672-2690 à l'Est des lacs Tournant, Blanc, et du Grand-Lac ; au Sud, par le versant Ouest de la Croix-de-Cassini, et par le village même du Freney.

Cet anticlinal du Château-Noir est flanqué, de part et d'autre, de deux synclinaux fort aigus, où apparaissent les cargneules et les schistes versicolores du Trias. Quand, partant de Sarenne, on remonte le ravin qui descend du massif 2939, on traverse bientôt, dans le ravin même, la première bande de cargneules, fort limitée en largeur et longueur. Au delà de cette bande, on rencontre des poudingues, puis des orthophyres (ceux du sommet même du Château-Noir). Enfin vient la deuxième bande triasique, dirigée Nord-20°. Est, comme la première, et dans laquelle s'ouvrent, à droite et à gauche du ravin, deux petits cols bien marqués. A l'un et à l'autre de ces cols, la largeur de la bande triasique est d'environ 200 mètres. Au col du Nord, la cargneule et accompagnée d'un petit banc de quartzites ; au col du Sud, tout contre le Château-Noir, il y a cargneules, dolomies et schistes satinés versicolores. Au Nord du col du Nord, la bande triasique finit rapidement en pointe ; mais, ainsi que nous l'avons vu, elle se rattache, suivant toute probabilité, à celle du lac Tournant, par la base du glacier du Grand-Sablat et le col des Quirlies. Au Sud du col du Sud, les cargneules finissent aussi très vite au milieu des poudingues : mais la continuation du synclinal par delà la vallée de la Sarenne est évidente. La bande secondaire du Collet [1], à l'Ouest de la Croix de Cassini, est la prolongation certaine de celle que nous venons de décrire.

Au Nord comme au Sud, les orthophyres du Château-Noir et ceux du massif 2939 touchent immédiatement aux cargneules : mais ni les uns ni les autres ne se retrouvent sur l'autre bord du synclinal. De plus, les orthophyres du Château-Noir touchent aux gneiss sur le bord Est de l'anticlinal du Freney, et sur ce bord Est seulement.

On voit donc que les plissements ont amené, sur bien des points, des suppressions de couches, et qu'ici encore on ne pourrait rien affirmer sur la position exacte des orthophyres. Pour la même raison, il est difficile d'indiquer le chemin précis du synclinal triasique entre le Château-Noir et le glacier du Grand-Sablat. Passe-t-il à l'Est ou à l'Ouest du point 2725 ? Nous n'avons pu le savoir d'une façon certaine, mais il y a tout lieu de croire qu'il passe à l'Est, car la continuité semble absolue entre les orthophyres du point 2939 et ceux qui se tiennent à l'Est du lac du Cerisier. L'anticlinal du point 2725 serait donc distinct de celui du Château-Noir : il passerait à peu près sous la crête 2939 et corres-

[1] Le Collet est le petit col de cargneules, ouvert exactement au Nord du Freney, entre la Croix-de-Cassini (2376) et le sommet 2171. Son altitude est d'environ 2000 mètres.

pondrait à l'avancée que forment les gneiss au milieu du Houiller, à l'Est des granges Veyrat.

Nous avons décrit en leur lieu les orthophyres et les tufs du Château-Noir et du massif 2939. A l'Est du Château-Noir, à l'Ouest et au Sud du point 2939, ce sont des poudingues et des conglomérats qui forment, à peu près exclusivement, le terrain houiller. Ces poudingues et ces conglomérats ne contiennent pas, du moins à notre connaissance, de galets d'orthophyre, et c'est là, comme nous l'avons déjà dit, une présomption bien forte en faveur de la postériorité des orthophyres aux poudingues. Certains conglomérats, surtout près de Sarenne, et sur le bord opposé de la formation houillère, au pied du glacier de Sarenne, contiennent des blocs énormes, ayant trente et même cinquante centimètres de grand axe. Neuf fois sur dix, ces blocs sont de gneiss granulitique. Quelques couches de schistes noirs, près des Granges Veyrat, s'intercalent dans la formation. Nous avons vu que ces couches avaient été fouillées pour anthracite, d'ailleurs sans aucun résultat.

Presque partout, le Houiller est vertical, ou plongeant très fortement vers l'Est. La direction est Nord-20°-Est ou Nord-Sud. Autour du point 2939, une légère torsion du pli synclinal externe se traduit localement par des directions Est-Ouest ou Nord-60°-Est.

Sauf l'Archéen de l'arête principale des Rousses (schistes de l'Herpie), toutes les formations sont momentanément cachées par les moraines qui encombrent la haute vallée de Sarenne. Sur la rive gauche du ruisseau, le long du versant Nord de la Croix-de-Cassini, on voit bientôt reparaître le Houiller du Château-Noir, contenant encore quelques bancs d'orthophyre, puis des gneiss très granulitiques, passant parfois à des roches granitoïdes impures, puis enfin une large bande secondaire de Lias et Trias, suite évidente des cargneules du Château-Noir. Mais au-delà de cette bande, c'est en vain que l'on cherche le prolongement du Houiller des Granges Veyrat. Le Trias repose partout, du moins partout où le contact est visible, sur de la granulite, des gneiss ou des micaschistes. Il faut donc que les synclinaux des Granges Veyrat se vident de Houiller avant d'arriver à la Sarenne. C'est en effet ce que l'on peut observer sur les pentes qui remontent à l'ancienne grange Pellorce, au Nord des châlets ruinés auxquels l'Etat-Major donne le nom de Dupré. Le Houiller se rétrécit et finit en pointes mousses au milieu des gneiss. Mais le contour précis de ces pointes est difficile à faire, en raison de la grande ressemblance, à l'œil nu, de l'Archéen et du Houiller : la distinction n'est guère possible qu'au microscope, partout où l'on n'a pas affaire à des poudingues un peu grossiers.

Il est cependant permis de penser qu'une petite bande houillère passe en profondeur sous le Collet, cachée jusqu'à la Romanche par le Secondaire ou par les moraines, et que cette bande se poursuit, sur la rive gauche de la Romanche, sous les pâturages de l'Alpe de Mont-de-Lans. A l'Alpe même, tout près des châlets, un témoin de Houiller affleure au milieu des moraines, et ce Houiller ne peut guère se rattacher qu'au synclinal des Granges Veyrat. Dans tous les cas, qu'il y ait ou qu'il n'y ait pas de Houiller sous le Secondaire du Collet, le synclinal du Collet, qui n'est autre, comme nous l'avons vu, que le synclinal du lac Tournant, se prolonge au Sud par l'Alpe du Mont-de-Lans et l'Alpe de Vénosc, puis par le col de la Muzelle [1]. Il y a là un curieux exemple d'un pli alpin, partout très aigu, se poursuivant sur 40 kilomètres de longueur avec une rectilignité presque absolue. La direction moyenne est Nord 5° Est.

Au Collet même, la coupe est la suivante, de l'Ouest à l'Est (fig. 10).

1° Schistes séricìteux roses ou rougeâtres, très fissiles, se débitant en ardoises, parfois un peu feldspathiques. Ces schistes plongent de 45° à 60° vers le Sud-Est, sous le Secondaire qui repose sur eux en concordance : ils constituent tout le sommet 2171, prennent au Sud de ce sommet la direction du méridien, et se suivent dès lors jusqu'à la Romanche en se feldspathisant peu à peu.

2° Grès blancs, tantôt schisteux et fissiles, tantôt durs et compactes (quartzites) ; épaisseur 10 mètres. Ces grès peuvent se suivre, au Nord, jusqu'au petit plateau qui domine la Sarenne et où se trouve la cabane du berger : là, ils reposent sur des gneiss très granulitiques ou même sur de la granulite. Au Sud, ils finissent, entre les cargneules et l'Archéen, à une très petite distance du col.

3° Dolomies blanches et jaunes, passant à des cargneules ; épaisseur 100 à à 200 mètres. Au Nord du Collet, les dolomies deviennent brunes ou rousses ; elles semblent s'amincir et s'écraser, comme les quartzites, entre le Lias et l'Archéen. Au Sud, elles s'amincissent aussi, mais sans disparaître complètement : on peut les suivre jusqu'au Perrier où elles se cachent sous les moraines de l'ancien glacier de la Romanche.

4° Calcaires en dalles, doux au toucher, d'un noir bleuâtre, ayant le faciès du Lias à bélemnites. Nous n'y avons pas trouvé de fossiles ; épaisseur 200 mètres. Au Nord, ce terme s'observe jusqu'aux moraines qui remplissent le fond de la combe. Au Sud, on le suit jusqu'au Perrier. Au Collet même, il ne semble pas accompagné de Toarcien, et le Trias semble également manquer sur le bord Est du Synclinal. Mais quand on descend dans le ravin qui mène au Perrier, on voit bientôt apparaître les schistes noirs, ensuite les cargneules du bord Est. Les schistes noirs ont un grand développement à la hauteur du Puys. Ils s'amincissent plus bas, et le Lias jauni qui affleure au Perrier offre plutôt le type Sinémurien ou Charmouthien inférieur. Les cargneules du bord Est persistent jusqu'aux moraines.

5° Gneiss très granulitiques, souvent même granitoïdes, plongeant sous le Houiller de la Croix-de-Cassini ; épaisseur 300 mètres.

Ces gneiss granulitiques et granitoïdes (anticlinal du Château Noir et du Freney), se poursuivent au Sud jusqu'à la Romanche. Ce sont eux qui affleurent, au Freney même, sur le bord Sud de la route, et que l'on recoupe quand on va à Mont-de-Lans par le ravin descendu de l'Alpe. Il n'est pas douteux que les gneiss de Bourgdarud, du Soreiller, de la Roche-de-la-Muzelle, n'appartiennent à la même bande anticlinale.

[1] Au Sud de la Muzelle, le même pli se poursuit encore, par le massif de Turbat et le col de la Vaurze, jusqu'au Valgaudemar.

Ainsi que le montre la figure 10, le sommet même de la Croix-de-Cassini est formé de grès et poudingues houillers plongeant de 45° vers le Sud-Est. Mais, à quelques mètres au Sud-Ouest de la cime, on voit affleurer un lambeau de dolomies faiblement plissées, et qui reposent en discordance sur la tranche des grès. Ce lambeau n'a d'extension d'aucun côté.

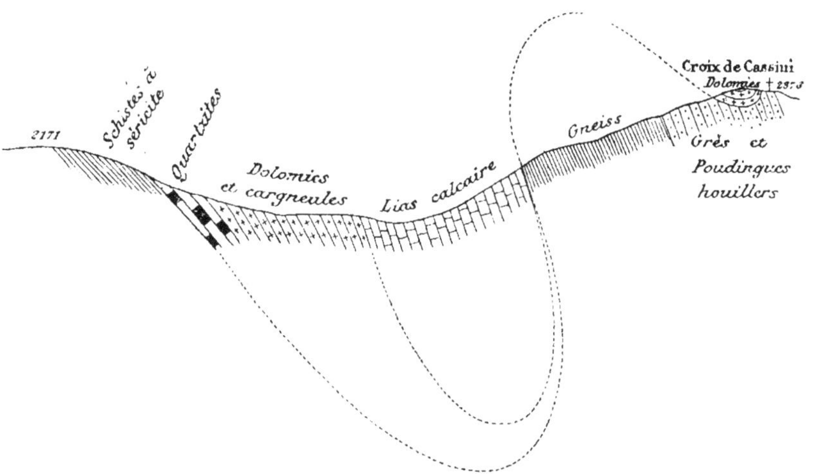


Fig. 10. — Coupe Est-Ouest au col du Collet.

Les grès et poudingues de la Croix-de-Cassini (synclinal de Sarenne, des Malatres, synclinal écrasé du Grand-Sauvage) se prolongent au Sud jusqu'au delà de la Romanche. Sur la route nationale, entre le pont du Freney et le confluent de la Romanche et du Ferrand, ils sont connus depuis longtemps ; mais les auteurs (Scipion Gras, Favre, Gueymard, Lory [1]), leur ont tous attribué une épaisseur beaucoup trop restreinte. Les schistes gris et verts que l'on exploite, sur la route même, à deux ou trois cents mètres en amont du pont du Freney, ont été pris pour des schistes talqueux. Ce sont des orthophyres. Les beaux escarpements qui dominent le Freney au Sud-Est ont été regardés comme formés de gneiss. Il sont constitués, jusqu'au Lias de Mont-de-Lans, par des poudingues et des grès verticaux avec intercalations de tufs éruptifs.

Si l'on va du Puys à Clavans par le mauvais sentier qui passe en dessous de la fontaine des Rameaux, on rencontre, au-delà du synclinal houiller, une nouvelle bande de gneiss granulitiques, dirigés Nord-Sud et sensiblement verticaux. Cette bande se voit aussi, mais moins nettement, sur le chemin d'en bas. Elle n'apparait point sur le chemin d'en haut (fontaine des Rameaux).

Cette bande archéenne est évidemment le prolongement de l'anticlinal du cirque du Grand-Sauvage (base du glacier des Quirlies, châlets Eyniard et Chèze, Chatagouta, lacets du chemin de Sarenne, crête à l'Est de Sarenne). Au

[1] Lory. *Description géolog. du Dauphiné*, p. 86.

Sud, on la retrouve à l'embouchure même du Ferrand, à Pont-Ségut et le long des lacets inférieurs du chemin muletier de Mizoën. La route nationale la traverse, en amont du tunnel, sur trois cents mètres environ de largeur, avant d'entrer dans le Lias du Chambon. Au dessus de Dégoul, le manteau liasique du Mont-de-Lans cache les gneiss, comme le Houiller. Mais il est permis de voir, dans le Houiller et le Permien qui affleurent à l'Est de Vénosc, la suite du Houiller du Freney, et dans les gneiss de Lanchâtra le prolongement de ceux du Pont-Ségut.

Les pentes qui dominent Clavans sont exclusivement formées de poudingues et schistes houillers dirigés Nord-Est. Le plongement, au Sud de Clavans-d'en-bas,est constamment vers le Ferrand, sous un angle compris entre 45 et 80 degrès.Entre les deux villages de Clavans, le Houiller devient vertical, et même se renverse. Nous avons vu que les schistes noirs de Jouffray, prolongement certain de ceux de Clavans, plongent à l'Ouest sous les gneiss. Dans les schistes verts, fissiles et friables, qui affleurent au pied des escarpements à l'Ouest de Clavans-den-haut, il y a beaucoup d'orthophyres et de tufs orthophyriques laminés et rendus méconnaissables.

Sur le chemin muletier de Mizoën, entre les gneiss archéens et le Lias, on traverse un petit banc de grès houiller, ayant environ un mètre d'épaisseur. Ce banc ne se retrouve pas au Sud. Le bord Ouest du Secondaire chevauche donc légèrement sur la direction des bandes archéennes et houillères, et ce grès de Mizoën est la terminaison en biseau des affleurements houillers de Jouffray et de Clavans.

Il ne nous reste plus à parler que du Secondaire qui affleure, jusque sous Mizoën, de part et d'autre du Ferrand. Ce grand synclinal, prolongement de celui des Arènes, est formé, en réalité, de plis aigus, serrés les uns contre les autres. Ces plis multiples se sont montrés à nous dans la haute combe de la Valette. Nous les retrouverons, au cours d'une autre étude, sur les hautes montagnes de Tête-Mouthe et du Diable, entre le Chambon et St-Christophe-en-Oisans.

Dans le fond de la vallée du Ferrand, partout où les anciennes moraines ne cachent pas les roches, et sur la rive gauche, le terrain est uniformément celui que Dausse appelle d'un seul mot : l'*ardoise*. Tantôt plus calcaires, tantôt plus argileuses, les ardoises noires s'empilent sur des centaines, parfois même des milliers de mètres d'épaisseur. Le faciès est celui de Vaujany, d'Oz, de Villard-Reculas, du Bourg-d'Oisans : c'est celui de la zone comprise entre les schistes toarciens et les calcaires à bélemnites du Charmonthien inférieur.

Au col du Fond-du-Ferrand et à Mizoën, c'est à dire aux deux bouts de la vallée, l'*ardoise* n'est séparée des terrains primaires que par une mince bande de ces derniers calcaires. Partout ailleurs, on voit un peu de Trias au contact, mais il est très rare que la puissance de ce Trias écrasé dépasse trente ou qua-

[1] Dausse, *loco citato*, p. 127.

rante mètres. Il est habituellement formé de dolomies brunissantes, surmontées elles-mêmes d'une faible épaisseur de dolomies blanches ou jaunâtres.

La direction du Secondaire est très constante ; c'est la direction de la vallée du Ferrand. Le plongement est toujours vers l'Est, quand les bancs ne sont pas verticaux, et le contact avec les terrains primaires est presque toujours vertical, ainsi que Dausse l'a fort justement signalé. Très souvent, comme l'a encore observé le même auteur, de part et d'autre de ce plan de contact, les roches sont rouillées et parcourues par des veinules de sidérose. A la mine de Chatagouta, une grosse veine de quartz, dont l'affleurement fait saillie sur la pente, s'est formée au contact même.

Nous avons dit que le Secondaire touche tantôt à l'Archéen, tantôt au Houiller. Il semble que le plan vertical de contact oscille légèrement de part et d'autre du bord d'un synclinal houiller, mais sans jamais s'en écarter beaucoup. La bande houillère en question (châlet Aubert, Jouffray, Clavans, Mizoën) ne semble pas, d'ailleurs, avoir une grande importance, car on ne la retrouve pas dans la région plissée de la Tête-Mouthe et du Diable, entre Vénosc et St-Christophe-en-Oisans. Le Houiller reparaît, il est vrai, plus à l'Est, sur l'arête du Jandri, mais les plis du Jandri, dont la direction est Nord-Sud, laissent certainement très à l'Ouest toute la zone synclinale de Clavans.

---

# CHAPITRE V

## MONTAGNES D'HUEZ ET D'AURIS[1]

---

Le village d'Huez est bâti, à l'altitude de 1450 mètres, sur les schistes micacés archéens, près de la limite de ces schistes et des gneiss amphiboliques. On y accède, du Bourg-d'Oisans, par un chemin muletier qui prolonge la route de La Garde. Le long de la route et du chemin muletier, on a une bonne coupe des terrains de la région.

En quittant la plaine du Bourg-d'Oisans, la route s'engage dans les gneiss qui constituent le grand escarpement de La Garde. Ce sont des gneiss très chargés de granulite, généralement chloriteux, parfois amphiboliques, et de plus en plus à mesure que l'on s'élève. La granulite forme souvent des amas importants : dans ces amas, elle est très fine et très blanche. La direction des gneiss est Nord-20 a 30°-Ouest : les bancs sont verticaux ou plongent de 60 à 80° vers l'Est.

C'est sur ces gneiss très redressés que l'on voit reposer le Trias et le Lias, dès que l'on a dépassé le premier tournant de la route. Les dépôts secondaires, en complète discordance avec les assises primitives, plongent faiblement au Nord. On rencontre successivement :

1° Un banc, puissant d'un mètre environ, d'une brèche siliceuse grise à galets de quartz blanc : c'est un équivalent local des quartzites ou des poudingues de la base du Trias ;

2° Des dolomies à patine capucin, d'un gris clair à l'intérieur, épaisses d'environ 10 mètres ;

3° Un calcaire noir compacte, à toucher rugueux, puissant de 5 à 6 mètres ;

4° Des dalles bleuâtres à cassure noire, alternant avec des schistes foncés, cet ensemble ayant au moins 20 mètres d'épaisseur ;

5° Des calcaires bleus ou noirs très compactes, avec de rares bancs de schistes argileux intercalés : ce terme a plusieurs centaines de mètres d'épaisseur.

De La Garde au ravin du Ribaut, le chemin, à peu près horizontal, suit la base de ce dernier terme. Mais la bande triasique est tout proche, et l'on y rentre au

[1] Consulter les coupes 9 et 10, Planche V.

pied de la montée du Ribaut, pour cheminer ensuite à la limite du Trias et des gneiss. Ceux-ci, très souvent amphiboliques, sont dirigés Nord-30°-Ouest, avec un plongement très fort vers le Nord-Est. Les couches secondaires, toujours discordantes, sont dirigés Nord-20°-Est et plongent de 45° vers l'Ouest. Le Trias se compose d'un banc de grès irrégulier, épais de quelques décimètres, puis de dolomies à patine capucin avec lits siliceux, surmontées de dolomies jaunes cloisonnées, et enfin de dolomies d'un blanc jaunâtre. Ce Trias n'a pas cent mètres d'épaisseur. Au-dessus, viennent les calcaires du Lias, qui constituent toute la montagne de Villard-Reculas.

Le plateau qui porte l'église St-Ferréol et la chapelle St-Antoine est formé de gneiss amphiboliques, plus ou moins granulitisés, dirigés Nord-40° Ouest ou même Est-Ouest, avec plongement vers le Nord. Dans le ravin d'Huez, on voit ces gneiss faire place assez brusquement à des schistes micacés et à des cornes brunes. Peu à peu, la direction se rapproche de Nord-20°-Ouest. Gneiss et schistes sont profondément entaillées par les gorges de la Sarenne. La limite du Primitif et de l'Archéen fait un angle d'eau moins 30° avec le bord Est du synclinal liasique de Villard-Reculas. *Les plis alpins*, dans la région d'Huez, ne *coïncident donc pas exactement avec les plis hercyniens.*

D'Huez à l'Alpe, le chemin muletier se tient dans la moraine qui remplit la combe entière et cache, à partir de la Chapelle St-Antoine, la bande triasique. C'est l'ancienne moraine du glacier des Rousses. La granulite, les gneiss archéens, les poudingues houillers, s'y rencontrent pêle-mêle, en blocs de toute dimension. La plus grande partie des admirables prairies de l'Alpe s'étend sur les dépôts glaciaires. En maint endroit, des tourbières se sont établies dans les bas-fonds. Ailleurs, le sol, aujourd'hui cultivé en prairies, était, au temps de la Gaule romaine, couvert de belles forêts, et l'on a retiré, sur plusieurs points, de grands troncs de sapin ou de hêtre enfouis dans l'humus profond et noir.

Quand on remonte la pente des prairies et des pâturages dans la direction des Petites Rousses, on voit bientôt la granulite impure sortir, sous forme de roches moutonnées et polies, de la couverture glaciaire. Au point coté 1847, au Sud-Est de l'Alpe, les schistes micacés et les cornes de l'Archéen ne sont point encore influencés par la granulite ; mais, en suivant le bord du plateau, entre le point 1847 et la Chapelle Saint-Nicolas, on peut suivre facilement les progrès très rapides de la granulitisation. Au dessus du moulin Sarret, dans le ravin de Rignon, les roches sont déjà des gneiss très feldspathiques. A Brandes, dans le petit mamelon rocheux qui domine des haldes de baryte sulfatée [1], le gneiss est porphyroïde et passe insensiblement à la granulite impure. Le ravin escarpé par où l'on peut descendre du plateau de Brandes aux moulins Veyrat, sur la Sarenne, est creusé dans cette dernière roche.

Cette granulite est toujours très chargée de débris de gneiss chloriteux qui

[1] D'après Dausse (*loco citato*, p. 147), cette barytine provient de filons exploités au siècle dernier sur la pente méridionale des Petites-Rousses. Il y avait à Brandes un atelier de préparation mécanique.

lui donnent une teinte verdâtre. Mais la roche est massive, non stratifiée, assez homogène dans son ensemble. Elle est toujours largement cristallisée. La pureté augmente quand on marche vers le Nord, en même temps que le grain devient de plus en plus fin. A l'endroit où commence l'escarpement rectiligne des Petites-Rousses, à 1800 m. au Nord de Brandes, on voit apparaître la roche éruptive franche, que l'on peut suivre désormais, sans aucune solution de continuité, jusqu'au col du Couard.

Au Nord du châlet désigné sous le nom de Faure par l'État-Major français, on retrouve la limite du Trias et de la granulite. Cette limite suit pendant quelque temps le ravin qui passe immédiatement au Sud du point coté 2071. Le Trias, plongeant faiblement vers l'Ouest, recouvre comme un manteau la surface ondulée de la roche cristalline. Au contact même, on voit des grès fins peu épais, puis des dolomies à patine capucin, surmontées elles-mêmes de dolomies grumeleuses (brèches) et de cargneules. Au col par où l'on passe dans la vallée d'Oz, le Trias plonge vers l'Ouest de 40° environ : il a environ cent mètres d'épaisseur, entre la granulite impure et les calcaires du Lias. Du haut du col, où traînent encore quelques lambeaux de moraine, on voit, dans le profond ravin qui s'ouvre au Nord, se poursuivre la bande de cargneules. Elle marche à peu près suivant le thalweg. A l'Ouest de cette bande, tout est calcaires et marnes jurassiques, jusqu'à la vallée de l'Eau-d'Olle.

En revenant vers le Sud-Est et traversant l'extrémité méridionale du plateau granulitique des Petites-Rousses, on rencontre, en face de Brandes, deux ravins étroits, sensiblement parallèles, descendant l'un et l'autre du plateau du lac Blanc. Ces deux ravins ont épousé deux petit synclinaux alpins, contenant chacun une bande de dolomies du Trias pincée dans un repli de la granulite impure ou des gneiss. Ces bandes triasiques, extrêmement étroites, sont interrompues çà et là par l'érosion. Dans les thalwegs, qui correspondent rigoureusement aux axes des synclinaux, les bancs sont le plus souvent verticaux. Sur les flancs des ravins, d'autres lambeaux de dolomies traînent à la surface de la granulite. La petite combe marécageuse située à l'Ouest du point 2548 correspond également à un synclinal qui rejoint, au Sud, l'un des deux précédents. Les témoins dolomitiques abondent dans cette combe : on y voit même des bancs de poudingues triasiques, le long de la pente escarpée où coulent les eaux de Villard-Reculas (sous les deux premiers chiffres de la cote 2548).

Ainsi qu'on peut le voir sur notre carte, le plus oriental de ces petits synclinaux s'est reformé sur l'emplacement d'un synclinal hercynien. Sur la rive gauche du petit ravin situé immédiatement à l'Ouest de celui où s'ouvre la mine de l'Herpie, on entre dans des schistes micacés fissiles et friables, les uns très blancs et argentés, les autres verts, les autres noirâtres. Ces schistes alternent avec des poudingues d'un haut métamorphisme. Quelque-uns présentent au microscope les caractères de tufs d'orthophyre : on y voit, dans une pâte siliceuse et argileuse, chargée de séricite de dynamo-métamorphisme, des prismes d'apatite et de zircon, et de nombreux cristaux, plus ou moins kaolinisés, d'orthose ou d'oligoclase. Ce lambeau houiller, difficile à séparer des schistes archéens qui l'enclavent, peut avoir trois ou quatre cents mètres de largeur.

L'arête qui sépare ce synclinal houiller de celui de l'Herpie est formée de schistes archéens friables, bruns ou roux, chargés d'oligiste et de sidérose, dirigés Nord-Sud et plongeant fortement vers l'Est. Ces schites se granulitisent localement quand on marche vers le lac Blanc. Plus au Nord, dans les escarpements qui dominent ce lac, les schistes verts alternent avec des bancs de granulite franche. Le lac repose dans la granulite ou à la limite de la granulite (rive droite) et des schistes (rive gauche). Sur le plateau qui s'étend à l'Est du lac, on voit les schistes à sidérose et oligiste renversés sur des grès bruns et des dolomies roussâtres. Ce Trias redevient bientôt horizontal et forme un manteau étendu sur les gneiss. A la naissance de l'émissaire, ce manteau triasique se raccorde aux synclinaux des deux ravins

Le bord Ouest du synclinal houiller de l'Herpie est constitué par un gros banc de poudingues. C'est ce banc, épais de 30 à 40 mètres, qui, depuis le châlet de la Charbonnière jusqu'au sommet de la combe, domine constamment le chemin muletier. La grande masse du synclinal est faite de schistes noirs ou de grès fins. La couche d'anthracite se trouve à peu près dans l'axe du pli. Toutes ces couches, dirigées Nord-Sud, plongent de 40 à 60° vers l'Est et s'enfoncent sous les escarpements de l'Herpie.

La partie la plus abrupte de ces escarpements est faite de gneiss granulitiques, passant, vers le Sud, à une granulite très franche dont les rochers blancs dominent le chalet de la Charbonnière (2021). Au dessus des gneiss, reviennent les schistes bruns et roux, fissiles et friables, fendillés et cassés dans tous les sens, que nous avons déjà signalés dans la crête sise à l'Ouest de la bande houillère. Toute la crête de l'Herpie est faite de ces schistes : c'est à eux qu'elle doit sa couleur noirâtre et son aspect de terrain brûlé. Sur la crête même, la roche est tellement fendillée que l'allure est confuse. Mais en descendant sur le glacier de Sarenne ou en marchant le long de l'arête dans la direction du Sud, on s'aperçoit bientôt que cette allure est en réalité très régulière. Les schistes archéens, de même que les assises houillères sur lesquels ils sont renversés, plongent de 40 à 60° vers l'Est.

Le prolongement de l'arête des Grandes-Rousses au-delà des gorges de la Sarenne forme le sommet coté 2171 et la longue croupe du Puys. Les schistes archéens y sont encore très fissiles, mais ils n'ont plus la couleur brune ou brun-rougeâtre des roches de l'Herpie : ce sont des schistes séricíteux à clivage très luisant, rarement feldspathisés, présentant une couleur rougeâtre beaucoup plus claire que celle dont nous venons de parler. La feldspathisation augmente quand on va vers le Sud. Près du Puys, la roche passe à un gneiss granulitique de composition très variable. Les gorges de la Romanche sont ouvertes dans des gneiss très feldspathique, en bancs compactes, alternant avec des chlorito-schistes et des schistes à séricite. La direction est encore Nord-Sud, mais le pendage vers l'Est atteint 80°.

Le synclinal houiller de l'Herpie se suit bien, par le Gua, le Cluy, le Mailloz, jusqu'au Chatelard, où il est coupé par la route de Grenoble à Briançon. En ce point la coupe suivante a été donnée par Lory [1], de l'Ouest à l'Est :

gneiss très quartzeux ; gneiss plus feuilletés, passant au micaschiste feldspathique; schistes micacés blanchâtres ou verdâtres, à feuillets droits et non ondulés; schistes quartzeux, sorte de grès schisteux modifié; schistes verts, satinés, non micacés, nullement cristallins, avec des vésicules transversales de quartz d'un éclat gras; schistes tendres, plus foncés, bientôt noirâtres, très fragiles ; grès à anthracite, puis retour de la série précédente jusqu'au gneiss dans lequel est ouvert le tunnel de l'Infernet.

Au Cluy, l'épaisseur de la bande houillère est d'environ 500 mètres. L'inclinaison est moindre qu'au Chatelard (45° environ). Au dessus du chemin du Puys aux Cours, le terrain houiller se cache bientôt sous une épaisse moraine. Près du col du Cluy, diverses fouilles entreprises pour la recherche de l'anthracite ont percé ce recouvrement glaciaire. La moraine en question provient du glacier de Sarenne.

En descendant du col du Cluy au Gua, on voit bientôt reparaître le Houiller, dont la vallée de la Sarenne offre une bonne coupe. Au dessus du Moulin Dussert, ce Houiller supporte un petit lambeau de dolomies triasiques orienté Nord un peu Ouest et sensiblement concordant avec les schistes. Ceux-ci ont un aspect archéen très prononcé, et, n'étaient les intercalations noirâtres que l'on aperçoit de part et d'autre dans la vallée, on se croirait en plein Archéen. La limite Est du Houiller est absolument indécise, et, sur les échantillons rapportés de ces parages, le microscope ne décide pas toujours nettement entre l'Archéen et le Houiller. La limite Ouest est cachée par la moraine, vers le point 1660. Au delà des débris glaciaires, auquels se mélangent les éboulis de l'arête de l'Herpie, la granulite reparaît. Sur la rive gauche de la Sarenne, entre cette granulite et le Houiller, viennent mourir en synclinal les calcaires jurassiques de l'Homme d'Auris et les dolomies triasiques qui les supportent.

Toute cette région comprise entre le lac Blanc et le Freney a été fort exactement décrite et très bien comprise par Dausse. Le premier, il a raccordé les recherches d'anthracite du Chatelard aux exploitations de l'Herpie, et signalé au Gua et au Cluy le passage de cette bande houillère. « La formation anthraciteuse, dit-il, est une bande encaissée dans la roche primitive et dirigée entre le Nord vrai et le Nord magnétique.... La crête sud des Rousses est formée de schistes talqueux.... ou de gneiss voisins du schiste talqueux constamment roussi par le fer et présentant très fréquemment des filons d'oligiste.... Au dessous du gneiss schisteux, brun roussâtre et métallifère, qui constitue assez uniformément l'Herpie, j'ai rencontré le terrain anthracifère relevant sous environ 50° [2] ».

Entre la Garde et Auris, les terrains secondaires prennent un développement considérable. Les sommets cotés 1781, 1875, 2179, 2080 sont formés de couches liasiques peu inclinées, souvent même tout à fait horizontales (Voir coupe n° 10).

[1] Lory, *Description géolog. du Dauphiné*, p. 84.
[2] Dausse, *loco citato*, p. 133, 134 et 135.

L'épaisseur de cette couverture atteint en certains endroits un millier de mètres. Tout au sommet, sur les cimes gazonnées de l'Homme d'Auris, les dépôts calcaires ont encore le faciès du Lias moyen. Ce n'est donc là qu'une partie de la couverture originelle sous laquelle, à la fin du Jurassique, était cachée l'ancienne chaîne.

Sur les versants Nord et Sud de ce petit massif calcaire, on peut, en plusieurs points, constater la discordance du Trias (qui forme la base de la couverture secondaire) et des gneiss granulitiques archéens. Cette discordance est naturellement à son comble là où les couches secondaires sont le plus faiblement ondulées. C'est ainsi que sur le chemin d'Auris à la Garde, qui suit le bord du socle de gneiss, on voit presque partout les dolomies du Trias, horizontales ou très faiblement inclinées, reposer sur les tranches des assises cristallines. Mais partout où les plissements alpins ont été très énergiques, il y a concordance apparente entre le Trias et l'Archéen. Ainsi en est-il au Nord de Rosai, et un peu plus loin, entre l'Etable Eustache et la Sarenne : la même concordance apparente s'observe encore à l'Est du Chatelard, près de l'Etable Permont. Dans le ravin du Cluy, le Trias et le Lias sont concordants avec le Houiller, et, plus bas, sous le Chatain, avec les gneiss.

Les ondulations des calcaires d'Auris présentent au plus haut degré le caractère commun à tous les plis *alpins* de la région : l'extrême irrégularité et la grande inégalité des plis. A côté d'un pli très aigu, comme celui de l'Étable Chaloin qui ramène les cargneules au milieu des calcaires verticaux, on observe des plis à très large courbure, comme ceux du Signal de l'Homme. L'anticlinal de l'Etable Chaloin, quand on le suit vers le Sud, s'élargit très rapidement, et, sur l'arête 1875-1781 qui le prolonge, les couches sont, dans leur ensemble, à peu près plates sur de larges espaces. De même, quand on suit la base de la couverture secondaire, on décrit, tout autour du massif, une courbe dont l'allure générale est celle d'une courbe de niveau : mais, de distance en distance, des synclinaux très aigus s'ouvrent dans le socle gneissique, où les couches secondaires pénètrent plus ou moins profondément comme des coins. Tel est le synclinal, qui, sous le Chatain, fait descendre les cargneules et les calcaires presque jusqu'à la Romanche : tel est celui du Chatelard, par où les dolomies plongent jusqu'à la Sarenne ; celui de Gardent, en face la chapelle St-Nicolas, et celui du point 1660, au Nord-Est de l'Homme.

Nous avons vu que ce caractère est encore plus accusé dans les Petites-Rousses, où le Trias seul est resté, sous forme de lambeaux ondulés, tantôt horizontaux sur de grandes étendues, tantôt brusquement pincés en V dans les replis du socle granulitique. Les synclinaux des petits ravins qui remontent vers le lac Blanc sont parmi les plus aigus de la région.

Les environs du Chatelard sont intéressants au point de vue du Trias. Ce terrain est ici purement dolomitique. Le faciès habituel est celui d'une dolomie grisâtre, plus rarement jaunâtre, simulant de loin les calcaires du Lias. L'épaisseur de ces dolomies semble dépasser 200 mètres. Elles passent localement à des cargneules. A La Ville, elles reposent en discordance sur un gneiss très granulitique, parfois amphibolique. Les maisons du Chatelard sont bâties sur les cargneules, mais les dolomies grises forment la petite butte à l'Ouest du village. De là, on peut les suivre. par Maronne, jusqu'à Rosai : leurs bancs plongent comme la montagne et descendent à peu près jusqu'à la Sarenne dans le vallon boisé qui fait face au ravin d'Huez. Le hameau de Rosai est en partie sur les cargneules, en partie sur les schistes archéens : au Nord-Est de ce petit village, on voit les dolomies finir en pointe, dans la direction du Nord-Est, par des variétés roussâtres, un peu gréseuses. Ce synclinal aminci est ouvert dans des schistes et gneiss archéens *Nord-Ouest*, c'est-à-dire sensiblement orthogonaux aux couches triasiques.

Les schistes archéens de Rosai sont très remarquables. On en a une bonne coupe en allant de Rosai à Huez par le chemin muletier. Ce sont des schistes satinés, noirs, verts ou bruns, rarement feldspathisés, d'aspect peu métamorphique. Ils sont dirigés Nord-Ouest et plongent au Nord-Est de 70°. L'étude microscopique [1] montre que ce sont des schistes micacés, analogues aux schistes précambriens du Plateau Central : on y voit quelquefois de l'amphibole, à la place du mica noir. Dans certaines variétés, le métamorphisme s'est traduit par une feldspathisation spéciale.

Si l'on essaie de suivre les plis de la région d'Huez et d'Auris, on s'aperçoit immédiatement de ce fait remarquable, que nous avons déjà signalé plus haut et sur lequel il importe de revenir, à savoir qu'*il n'y a pas concordance entre les plis alpins et les plis hercyniens*, ou du moins que cette concordance ne se rétablit que sur le bord Est de la région considérée, au voisinage de l'anticlinal des Grandes-Rousses. Entre la Garde et le Gua, les plis alpins, ceux de la couverture triasique et liasique, sont dirigés vers le Nord ou le Nord-Est. Le synclinal du Chatelard et de Rosai a son prolongement évident dans celui du bord Est du plateau de l'Alpetta, au pied de la faille des Petites-Rousses. Le synclinal de Gardent, au Nord de l'Homme, se prolonge visiblement par ceux qui remontent au lac Blanc et qui n'en sont que le dédoublement. Quant au synclinal du Cluy, il se termine au Gua (point 1660) entre la granulite et le Houiller : au Sud, vers le Châtain, il abandonne le Houiller et finit en pointe au milieu des gneiss.

De l'autre côté de la Sarenne, le bord du grand synclinal de Villard-Reculas est dirigé Nord-Nord-Est, de la Garde au châlet du lac Besson. Cette direction, qui se manifeste dans l'alignement de l'arête 1975-2020, est celle des couches du Lias dans tout le massif compris entre Huez et l'Eau-d'Olle.

Tandis que les plis alpins vont vers le Nord, le Nord-Est ou le Nord-Nord-Est, les plis hercyniens vont plutôt vers le Nord-Ouest. Nous avons signalé la disposition orthogonale des couches triasiques et des assises archéennes près de Rosai. Le même fait s'observe au Sud d'Huez, près de l'église St-Ferréol. Les gneiss amphiboliques de la Garde et de la Ville sont évidemment les mêmes que ceux de Vaujany, les mêmes aussi que ceux des gorges de la Romanche,

[1] Voir *supra*, p. 19.

près du pont St-Guillerme : ils sont, dans l'ensemble, dirigés Nord-Nord-Ouest, et font, avec les axes des plis alpins, un angle d'environ 40°.

Le parallélisme se rétablit près de l'anticlinal des Grandes-Rousses. Le synclinal du Cluy est dirigé Nord-Sud, comme cet anticlinal, et comme la bande houillère. Mais, s'il y a parallélisme, il n'y a pas encore concordance absolue. L'axe du synclinal du Cluy ne coïncide pas avec celui de la bande houillère : le pli ne s'est pas reformé exactement au même endroit.

---

## CHAPITRE VI

### TECTONIQUE GÉNÉRALE DE LA CHAINE DES ROUSSES. PLIS ALPINS ORTHOGONAUX. PLIS HERCYNIENS

Si l'on fait abstraction des plissements antérieurs au Trias, c'est-à dire si l'on ne considère que les plissements alpins, les Grandes-Rousses sont un massif relativement simple. Les plis alpins (on en peut juger par l'allure des courbes en *pointillé gras* dans nos planches de coupes) sont habituellement *normaux*: ils se serrent les uns contre les autres, mais ils ne se couchent pas les uns sur les autres. Les assises sont habituellement très redressées, fort souvent verticales : il est rare qu'elles soient renversées.

Deux choses frappent immédiatement et à première vue : l'extrême inégalité des plis et l'inclinaison de leurs axes sur l'horizon. Deux plis voisins peuvent différer considérablement par la courbure, et par la profondeur à laquelle sont amenées, dans les thalwegs de ces plis, les couches d'un même horizon géologique. Le même pli, si on le suit d'un bout à l'autre de la chaîne, varie également beaucoup quant à la courbure, et de plus la projection de son axe sur un plan vertical parallèle à la chaîne est une courbe tournant sa convexité vers le ciel.

Ainsi, en prenant comme niveau géologique de comparaison la surface sur laquelle se sont déposés les premiers sédiments triasiques, on voit aisément que cette surface peut s'abaisser jusqu'à la cote 500 m. (au dessus du niveau actuel des mers) dans l'axe des synclinaux de Vaujany et de Clavans, tandis qu'elle se tient à 2000 m. et plus dans les thalwegs des synclinaux des Petites-Rousses, et qu'elle monte à 2700 mètres dans le synclinal du Château-Noir. Cette surface monterait naturellement beaucoup plus haut encore dans l'axe de l'anticlinal principal, si l'érosion n'avait dénudé la clef de voûte jusqu'à l'Archéen. Au-dessus de l'Étendard et du pic Bayle, c'est entre 3600 et 4000 mètres que s'élèverait cette surface de base du terrain secondaire. Plane à l'origine de l'époque triasique, elle présenterait actuellement des dénivellations de plus de 3000 mètres entre des verticales distantes seulement de 5 ou 6 kilomètres.

D'autre part, si nous suivons l'axe d'un pli bien déterminé et bien connu, par exemple du synclinal du lac Tournant, nous voyons varier dans une large mesure la cote actuelle de la base du Trias. Près du col de la Croix-de-Fer, cette base doit descendre à la cote 1200 ou même à la cote 1000. Elle se relève rapidement quand on suit le synclinal vers le Sud, atteint probablement 2000 mètres vers le Grand-Lac, 2500 mètres vers le lac Tournant, 2800 mètres au col des Quirlies. Nous la retrouvons au Château-Noir à 2700 mètres, au Collet à 2000 mètres, au Freney à 800 mètres. Au delà de la Romanche, le pli se relève, et la base du Trias, dans le thalweg de l'Alpe de Mont-de-Lans, doit atteindre la cote 1600 [1]. A Vénosc, le thalweg du Trias est en dessous du Vénéon, c'est-à-dire à une cote inférieure à 900 mètres, mais au Sud du Vénéon il y a de nouveau relèvement jusqu'au col de la Muzelle où la base du Trias, se trouve, selon toute vraisemblance, aux environs de la cote 2000.

De même, dans le plan axial de l'anticlinal principal des Rousses, on aurait, *au minimum*, les cotes suivantes pour la base du Trias, en allant du Nord au Sud : 1800 m. au col du Glandon; 3000 m. à la hauteur du Grand-Lac ; 3600 m. sur l'Étendard, le pic Bayle, le pic du lac Blanc ; 3000 m. sur l'Herpie ; 2200 m. à l'Ouest du Collet ; 1400 m. sur Bons ; 3000 m. sur la Brèche du Vallon ; 3300 m. sur le Clapier du Peyron.

Un dernier exemple peut être pris dans les plis multiples du grand synclinal de Clavans. Ainsi que nous l'avons dit au chapitre IV, ces plis, dont l'axe n'est jamais horizontal, se poursuivent au delà de la Romanche par les nombreux replis triasiques et liasiques des montagnes de Tête-Mouthe et du Diable, au Nord-Ouest de St-Christophe. Dans ces montagnes, la base du Trias se tient à la cote moyenne de 2700 mètres, tandis qu'au Chambon elle descend bien au-dessous de la Romanche, c'est-à-dire bien au-dessous de 1000 mètres. Là est le minimum : au Nord de la Romanche, les axes des plis remontent jusqu'au droit de l'Étendard, pour s'abaisser ensuite vers la Maurienne. Nous avons vu qu'à l'extrémité Sud des Arènes ils font affleurer l'Archéen au milieu du Lias, à 2800 mètres d'altitude.

Un autre caractère, c'est la rectilignité, en projection horizontale, de ces plis ondulés. Ils sont Nord-Sud, ou Nord-5°-Est, sur de très grandes longueurs, par exemple, du Valjouffrey au col de la Croix-de-Fer, du Clapier du Peyron à l'Eau d'Olle, de St-Jean-d'Arves aux glaciers du Vallon ou de la Mariande. Un seul est légèrement tordu, c'est le synclinal des Aiguillettes, dont la direction passe de Nord-10°-Est à Nord-40°-Est.

Tous ces caractères se retrouvent, comme nous l'établirons au cours d'une prochaine étude, dans les plis alpins du massif du Pelvoux.

Comme le massif du Pelvoux, le massif des Grandes-Rousses est déterminé *par une surélévation locale d'un système de plis parallèles*. Pour parler le langage de la géométrie, chacun de ces massifs est un lieu des maximas des courbes obtenues en joignant, dans un synclinal tous les points du thalweg, dans un anticlinal tous les points situés sur la clef de voûte.

[1] Le Houiller affleure dans ce thalweg, près des maisons de l'Alpe, à 1600 m. d'altitude.

Les plis traversent ces massifs du Sud au Nord sans aucune déviation, au lieu de les contourner, comme on a souvent été tenté de le croire. Et si les témoins de terrains secondaires sont rares dans les hautes régions du Pelvoux et des Rousses, cela tient uniquement à ce que ces terrains, portés trop haut par la surélévation locale des plis, ont été presque entièrement enlevés par l'érosion. De même, la grande hauteur de ces massifs de granulite, de gneiss ou de vieux schistes, est simplement due à ce que, pendant bien des siècles, l'érosion a travaillé à la destruction de leur couverture secondaire. Quand cette couverture a disparu, sauf quelques loques oubliées çà et là, les terrains cristallins mis à nu ont résisté aux agents atmosphériques plus efficacement que les calcaires, les marnes ou les grès des montagnes voisines : et bien qu'ils soient éventrés et ruinés à leur tour, leurs ruines sont si fières, elles montent si haut, et sont fondées sur des bases si massives et si larges, qu'on se prend, devant ces grands débris de montagne, à rêver de leur durée indéfinie, à douter de la victoire finale (pourtant si sûre) des agents atmosphériques et du temps.

Ces surélévations locales de tout un système de plis sont évidemment produites par un plissement transversal au premier : et les deux plissements sont sensiblement orthogonaux. La vallée de la Romanche, entre le Bourg-d'Oisans et Mizoën correspond à une dépression des plis, à un synclinal du système transversal. Cette dépression est sensiblement dirigée de l'Est à l'Ouest, c'est à dire à peu près perpendiculairement aux plis alpins. Là est vraiment la séparation géologique entre les Rousses et le Pelvoux.

A l'Est de Mizoën, la dépression s'infléchit vers le Nord, passe probablement sous la cime de Rachas et revient ensuite au Sud jusqu'à La Grave. Le plateau d'Emparis appartient donc géologiquement au massif du Pelvoux. A l'Est de la Grave, la dépression s'en va passer au col du Lautaret. Le massif de Combeynot, entre les cols du Lautaret et d'Arsine, est une région surélevée comprise entre deux dépressions Est-Ouest : c'est un Pelvoux en miniature.

A l'Ouest du Bourg-d'Oisans, la dépression principale coupe l'arête du Taillefer entre la cime maîtresse et le sommet de Cornillon, sur le plateau des lacs, et se dirige sur Vizille. La vallée de la Romanche entre Séchilienne et Saint-Pierre-de-Mésage correspond à peu près à l'axe de la région abaissée.

Ainsi, dans le système des plis Est-Ouest, c'est aux Grandes-Rousses que se rattachent Cornillon et Belledonne, tandis que le Taillefer appartient à l'axe anticlinal de la Meije et de Combeynot.

Au Nord des Rousses, la zone déprimée perpendiculaire à la chaîne ne se montre avec netteté qu'au col du Glandon. A l'Est de l'Ouillon, les plis alpins sont tous trop enfoncés pour que l'on puisse aisément juger de leurs ondulations transversales [1]. A l'Ouest du Glandon, la zone déprimée semble se rejeter plus au Sud, en se composant momentanément avec un synclinal alpin : puis elle

[1] Il nous semble très probable que la vallée de l'Arc, entre St-Michel et Modane, correspond à une dépression, qui pourrait être la même que celle du Glandon.

reprend la direction de l'Ouest et s'en va probablement. par la cluse de Maupas, gagner le Pas de la Coche. Ainsi s'explique cette séparation profonde entre le massif de Belledonne et celui des Sept-Laux. Belledonne fait partie du même pli transversal que les Grandes-Rousses ; les Sept-Laux sont le témoin d'un autre anticlinal transversal, moins élevé et surtout moins étendu vers l'Est. Du Pelvoux aux Sept-Laux, l'importance des anticlinaux du système Est-Ouest diminue donc rapidement : de plus, le point culminant du dôme se déplace vers l'Ouest.

Nous avons considéré jusqu'ici le massif du Pelvoux comme une unité géologique comparable aux Rousses, c'est-à-dire comme produit par un seul anticlinal du système Est-Ouest. Il résulte, en réalité, de plusieurs anticlinaux à grand rayon de courbure séparés les uns des autres, tantôt par des dépressions peu marquées. de simples sillons, tantôt par des fossés étroits et profonds La vallée du Vénéon entre Vénose et Lanchâtra correspond certainement à l'un de ces fossés ; de même le col d'Arsine : et il est permis de supposer que ces deux dépressions se raccordent par un sillon moins marqué correspondant à la vallée de la Selle, au Replat et à la crête abaissée des Cavales. A l'Ouest, cette dépression passe au col des Mayes et produit l'enfoncement bien connu du Houiller. sous Saint-Jean-de-Vaux. Ce qui est certain, c'est que Combeynot, la Meije, le pic de la Grave, le Diable et l'Alpe, jalonnent un seul et même anticlinal. La Tête-des-Filons et Taillefer appartiennent sans doute à la même zone surélevée. Plus au Sud, le Clapier du Peyron, la Muzelle, les Ecrins. le Pelvoux font partie d'un autre anticlinal, au Sud duquel on peut reconnaître encore une autre dépression (Entraigues, Valsenestre. les Marmes), prolongée sans doute par le haut Valgaudemar et la Vallouise.

Toute cette région des Alpes françaises est donc parcourue *par un réseau de plis orthogonaux*. Les uns, dont la direction est voisine de celle du méridien, sont très multipliés et très serrés ; les autres, en petit nombre, affectent plutôt la forme d'ondulations larges et tranquilles. On sait que M. Kilian [1] a signalé, depuis plusieurs années, un exemple de ces ondulations transversales dans le massif de Varbuche. entre Saint-Jean-de-Maurienne et Moutiers, sans vouloir d'ailleurs y reconnaître l'effet de deux poussées distinctes et orthogonales. Elles prennent, au Sud de l'Arc, une ampleur incomparablement plus grande, vont grandissant jusqu'au Pelvoux, puis semblent de nouveau s'atténuer au Sud de ce dernier massif. La loi des plissements orthogonaux, récemment formulée par M. Marcel Bertrand [2] dans sa magistrale étude sur la continuité des mouvements orogéniques, trouve ainsi sur notre propre sol une nouvelle et éclatante confirmation.

Contrairement à ce qu'enseignait Lory, le rôle des failles longitudinales dans l'orogénie des Rousses paraît être peu important. Il est certain qu'il y a eu, sur

[1] Kilian, *Sur l'allure tourmentée des plis isoclinaux dans les montagnes de la Savoie*, Bull. Soc. Géolog. 3e série, t. XIX.

[2] M. Bertrand, *Sur la continuité du phénomène de plissement dans le bassin de Paris*, Bull. Soc. Géolog. 3e série, t. XX.

le bord de ces zones synclinales si profondes de Vaujany et de Clavans, glissement des assises les unes sur les autres. Ce glissement a amené la disparition d'une épaisseur plus ou moins grande de strates, surtout sur le versant Est de la chaîne Mais, sauf les failles, toutes locales et à faible rejet, des Petites-Rousses. on ne peut pas dire que ce glissement se soit fait suivant un plan privilégié. Les couches du Lias ont glissé les unes sur les autres, tout comme elles ont glissé sur le Trias et tout comme le Trias a glissé sur les terrains primaires. Il n'y a pas même de raison de supposer que le déplacement relatif maximum ait eu lieu au contact du Primaire et du Trias.

Le bord Est des Rousses. où Lory plaçait une de ses grandes failles, semble correspondre à un faisceau de plis très aigus et très serrés sensiblement verticaux. C'est une zone écrasée. D'autres plis ont subi des écrasements locaux, au point de passer à des plis-failles (tel le synclinal à l'Est du Grand-Sauvage). Dans tous les cas, c'est le refoulement latéral qui a produit toutes les apparences anormales : on ne constate nulle part (sauf dans les rejets des Petites-Rousses) l'action directe d'un affaissement.

La conception de Lory, d'un massif cristallin resté en l'air. et séparé, par des failles, de régions abîmées où le Lias se serait plissé par affaissement sur lui-même, cette conception, qui ne manquait d'ailleurs ni de grandeur, ni d'originalité, est certainement inexacte.

L'étude des Grandes-Rousses se complique quand on veut considérer, à travers le réseau orthogonal du ridement alpin, les plis antérieurs au Trias, les plis de l'ancienne chaîne hercynienne.

Que cette chaîne ait été esquissée avant le dépôt du Houiller, c'est ce dont il est impossible de douter ; mais il est certain que les plissements en étaient peu accentués. L'anticlinal principal des Grandes-Rousses existait déjà, probablement aussi celui du Rivier d'Allemont. Un autre anticlinal se dressait à l'Est des Rousses, sans doute sur l'alignement où se trouve actuellement le Mont Charvin.

Après le dépôt du Houiller, les synclinaux se sont resserrés, comme dans le Plateau Central. De part et d'autre de l'axe archéen des Rousses, il se forma ainsi deux longues bandes synclinales, dirigées Nord-S°-Est. A l'Ouest du synclinal Ouest, un anticlinal ramenait le terrain granulitique : son axe allait vraisemblablement des Petites-Rousses aux Rochers de l'Argentière. Plus à l'Ouest encore, se trouvait un synclinal correspondant à la zone Vaujany-Grande-Maison. Enfin, venait un grand anticlinal, celui du Rivier-d'Allemont : Nord-Ouest dans la région d'Huez, il tournait au Nord sous Villard-Reculas et Oz. Entre cet anticlinal et celui des Petites-Rousses, le synclinal de Vaujany s'élargissait considérablement.

Selon toute vraisemblance, ces plis hercyniens post-houillers étaient encore peu multipliés, et à grand rayon de courbure. Sur de vastes étendues, les couches houillères avaient sans doute de très faibles inclinaisons.

C'est sur ce sol plissé, peu à peu nivelé par abrasion marine, que le Trias et

Plis Alpins orthogonaux et plis hercyniens de la région des Grandes-Rouss[es]

*Bull. des Serv. de la carte Géo. et des Top. Sout.* *Bull. N° 10. — 1894-18[95]*

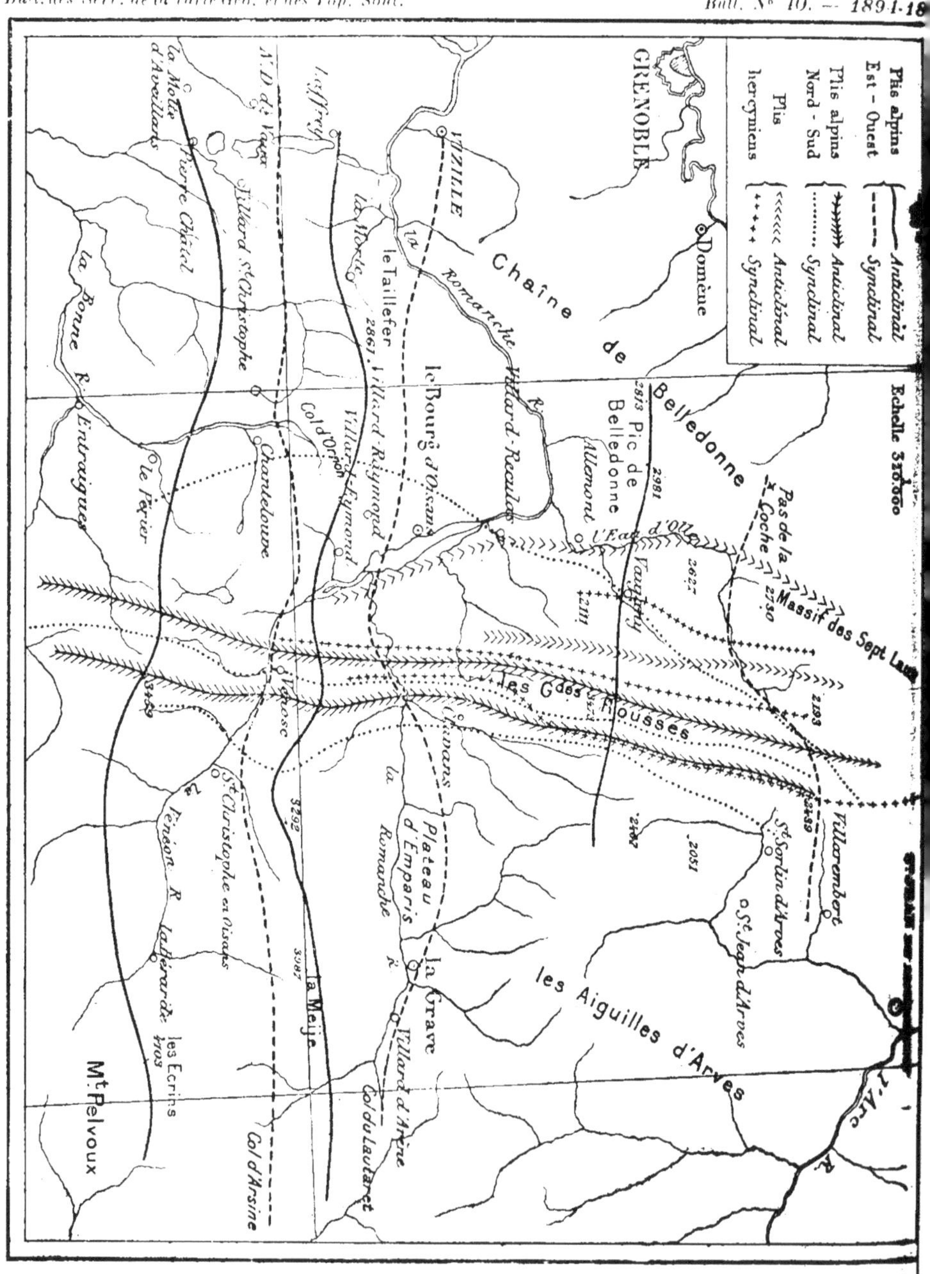

une partie du Jurassique ont accumulé leurs assises, sur une épaisseur d'au moins 2000 mètres.

Puis se sont formés les plis alpins, commencés probablement dès la fin du Jurassique.

D'une façon générale, les plis alpins (nous ne parlons point ici des ondulations transversales) se sont établis dans la direction même des anciens plis. La concordance de direction paraît presque rigoureuse au premier abord. Quand on entre dans le détail, on voit que les deux directions font souvent entre elles de petits angles : exceptionnellement l'angle d'écart va à 45°, et même, sur un seul point (Rosai), à 90°.

L'angle d'écart est en moyenne de 40° dans la région d'Huez. Le synclinal alpin de Vaujany, dont la direction est Nord-10°-Est coupe nettement l'anticlinal de Primitif du Rivier-d'Allemont. C'est une conséquence de la direction localement aberrante de ce dernier. Les plis redeviennent sensiblement parallèles au delà de Vaujany.

Le synclinal alpin des Aiguillettes fait un angle de 20° avec le pli hercynien des Petites-Rousses, et il coupe cet anticlinal sur l'emplacement actuel des Aiguillettes. Le synclinal hercynien de l'Herpie coupe ce même synclinal des Aiguillettes, sous un angle d'une dizaine de degrés. Le même synclinal des Aiguillettes coupe encore, au col du Glandon, l'anticlinal des Rousses. Cette direction, constamment anormale (depuis Vaujany) du synclinal des Aiguillettes tient vraisemblablement à ce qu'il est un *pli mixte*, résultant d'une sorte de composition locale des deux plissements alpins orthogonaux.

A l'Est de l'anticlinal des Rousses, la discordance de direction est bien moindre. Souvent même, elle est nulle. Elle ne se traduit, quand elle existe, que par le chevauchement des bandes secondaires sur les bandes houillères.

D'une façon générale, les plis alpins sont beaucoup plus nombreux et plus serrés que les plis hercyniens. Les larges bandes houillères qui représentaient chacune autrefois un synclinal unique, se sont repliées sur elles-mêmes en replis aigus, parfois écrasés. Dans ce reploiement des bandes houillères, il a pu arriver que l'axe de la bande, qui, selon toute vraisemblance, correspondait à l'axe du synclinal primitif, devînt un axe anticlinal. Tel paraît être le cas au col de la Croix-de-Fer.

Enfin, les plis les plus profonds du système alpin ne se sont pas formés sur l'emplacement des plis les plus profonds de l'ancienne chaîne. Le synclinal de Vaujany ne semble pas reposer sur une bande houillère importante, pas plus que celui de Clavans. Sur l'emplacement des synclinaux houillers de l'Herpie et de Sarenne, les plis alpins sont restés peu accentués, si bien que l'érosion les a facilement vidés de leur remplissage triasique ou liasique. Le synclinal du lac Tournant, le plus profond après ceux de Clavans et de Vaujany, ne se superpose que de loin en loin à un synclinal houiller. Sur de longs parcours, il est creusé dans l'Archéen, à peu près parallèlement au bord Ouest du grand synclinal houiller de Sarenne, mais en dehors de ce synclinal. De même, le synclinal de Trias et de Lias qui repose, au col du Couy, dans le pli houiller de l'Herpie.

sort nettement de ce pli en approchant de la Romanche et s'avace en plein Archéen.

Quelques-unes de ces exceptions à la règle récemment formulée par M. Marcel Bertrand [1] s'expliquent aisément par la multiplicité des plis alpins ; d'autres, par une composition locale des deux mouvements orthogonaux donnant, soit au pli alpin (c'est le cas des Aiguillettes), soit au pli hercynien (c'est le cas d'Huez et de Rosai) une direction momentanément aberrante. Dans l'ensemble, la loi paraît se vérifier : *les grandes lignes anticlinales et synclinales se sont conservées a travers les âges*. Mais il ne faudrait pas demander à la règle de M. Marcel Bertrand, dans la région des Rousses et du Pelvoux, la rigueur qu'elle a dans les bassins de Paris et de Londres. Rigoureuse et presque mathématique dans le cas où des plis *posthumes* à grand rayon de courbure, de larges ondulations, se superposent à d'anciens ridements plus accentués, la loi serait seulement approchée lorsque, à d'anciens plis espacés et d'allure tranquille, s'est superposé un plissement intense.

Saint-Etienne, le 25 décembre 1893.

[1] « Les plissements dans les bassins de Paris et de Londres se sont toujours reproduits aux mêmes places ». Marcel Bertrand, *Sur la continuité du phénomène de plissement dans le bassin de Paris*, Bull. Soc. Géolog., 3e série, t. XX, p. 164.

# TABLE DES MATIÈRES



Laval. — Imprimerie et stéréotypie E. JAMIN, 8, rue Ricordaine.

## LÉGENDE générale des coupes.

Z Micaschistes, Gneiss, Amphibolites.

X Schistes micacés (Archéen?)

G Granulite.

H Houiller.

O Coulées d'Orthophyres et tufs associés.

Q Quartzites (Grès bigarré).

M Muschelkalk (Calcaire, Cargneules, Gypse).

L Lias.

. ($\frac{1}{40.000}$)

N.B La courbe - - - - indique la position actuelle, réelle ou hypothétique, de la surface où se sont déposés les premiers sédiments secondaires (fond des lagunes triasiques). Elle permet ainsi de comparer les plis alpins aux plis hercyniens.

La Vignetta

L'Arvan

L

Synclinal de Clavans

00

500 3000 3500 4000m

P. Termier 1892

Imp. Erhard Fres Paris

## Coupe N° 1 — Des Rochers d'Argentière à St. Sorlin d'Arves par le Col de la Croix-de-Fer.

Rochers d'Argentière
Combe d'Olle
Col de la Croix-de-Fer
Crête des Gdes Rousses
Pierre-Aigue (St. Sorlin d'Arves)
Cote 1.500m
Synclinal de Vaujany
Synclinal de Clavans

## Coupe N° 2 — Du point 2346 (Sept-Laux) à la Vignetta, par les Granges de la Balme.

2346m
Combe d'Olle
Crête des Gdes Rousses
Mont de Brouant
Granges de la Balme
Tufs
2103m
La Vignetta
L'Arvan
Cote 1.500m
Synclinal de Vaujany
Synclinal de Clavans

Echelle de $\frac{1}{40.000}$

0 — 500 — 1000 — 1500 — 2000 — 2500 — 3000 — 3500 — 4000m

## LÉGENDE générale des coupes

- Z. Micaschistes, Gneiss, Amphibolites.
- X. Schistes micacés (Archéen?)
- G. Granulite.
- H. Houiller.
- O. Coulées d'Orthophyres et tufs associés.
- Q. Quartzites (Grès bigarré).
- M. Muschelkalk (Calcaires, Cargneules, Gypse).
- L. Lias.

N.B. La courbe - - - - indique la position actuelle, réelle ou hypothétique, de la surface où se sont déposés les premiers sédiments secondaires (fond des lagunes triasiques). Elle permet ainsi de comparer les plis alpins avec plis hercyniens.

P. Termier 1892

Imp. Erhard Fres Paris

(Crête de la Cochette) $\frac{1}{40.000}$

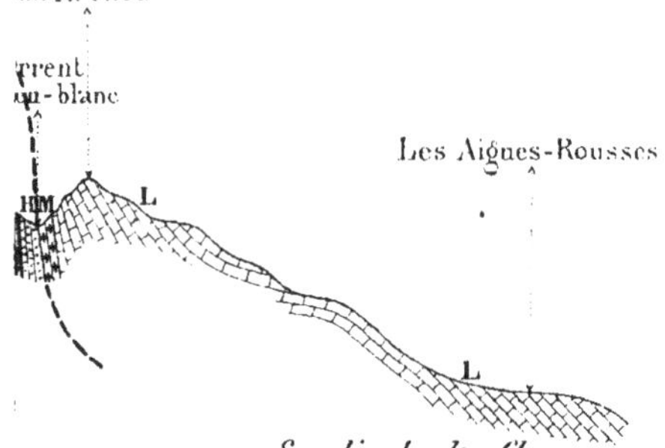


ot $\frac{1}{40.000}$

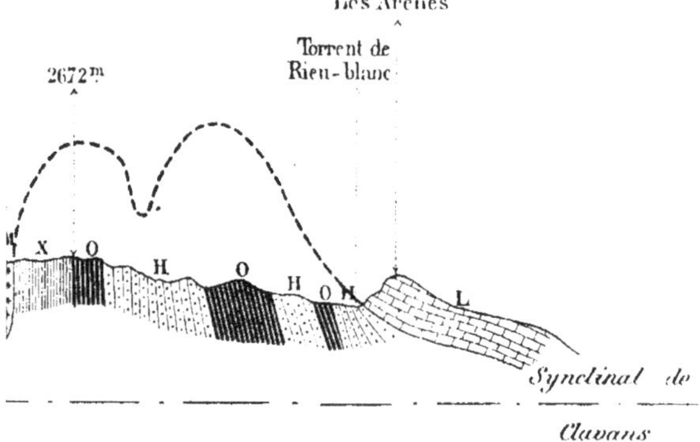


P. Termier. 1892

Imp. Erhard, Paris.

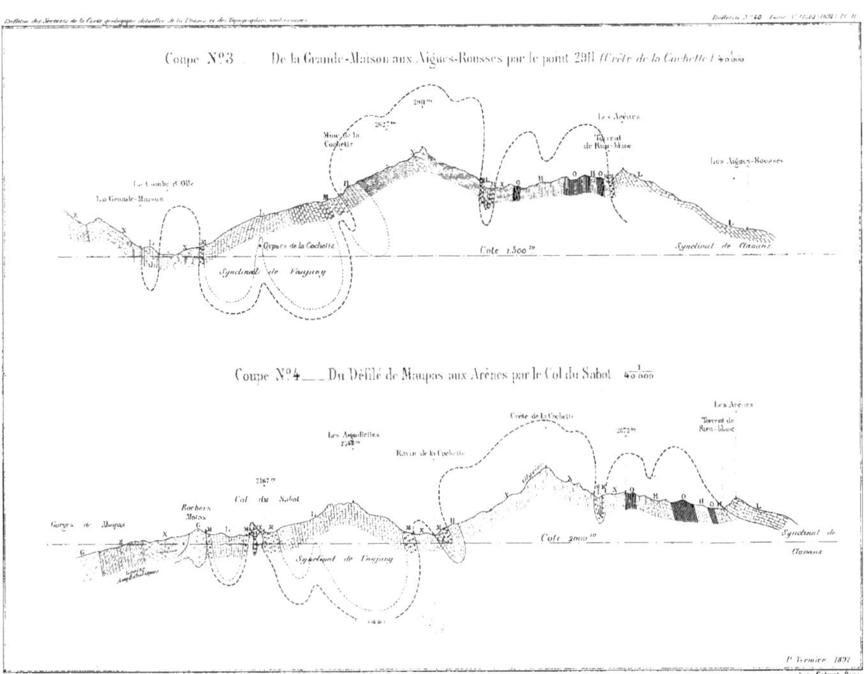
Coupe N°3 De la Grande-Maison aux Aigues-Rousses par le point 2911 (Crête de la Cochette) 1/40000
2911m
2627m
Mine de la Cochette
Les Arênes
Torrent de Rieu-blanc
Les Aigues-Rousses
La Combe d'Olle
La Grande-Maison
Gypses de la Cochette
Cote 1500m
Synclinal de Clavans
Synclinal de Vaujany
Coupe N°4 — Du Défilé de Maupas aux Arênes par le Col du Sabot 1/40000
Les Arênes
Torrent de Rieu-blanc
Crête de la Cochette
2672m
Les Aiguillettes
Ravin de la Cochette
2167m
Col du Sabot
Rochers Moïas
Gorges de Maupas
Cote 2000m
Synclinal de Vaujany
Synclinal de Clavans
P. Termier 1892

3173m.) $\frac{1}{40.000}$.

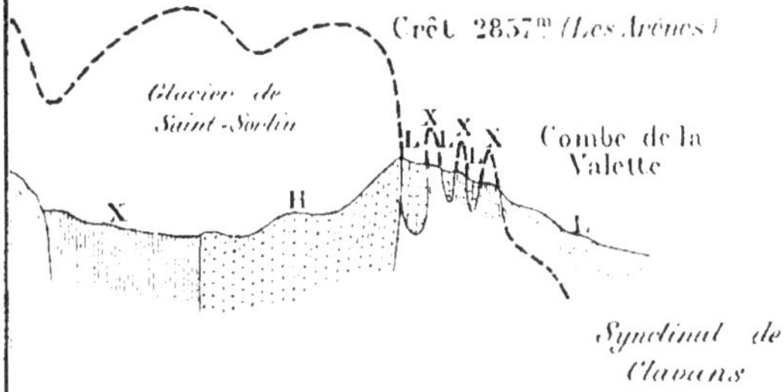

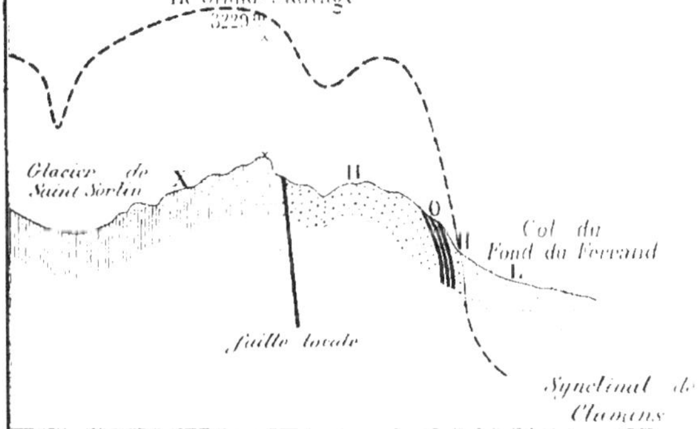

P. Termier 1892

Imp. Erhard F^res Paris

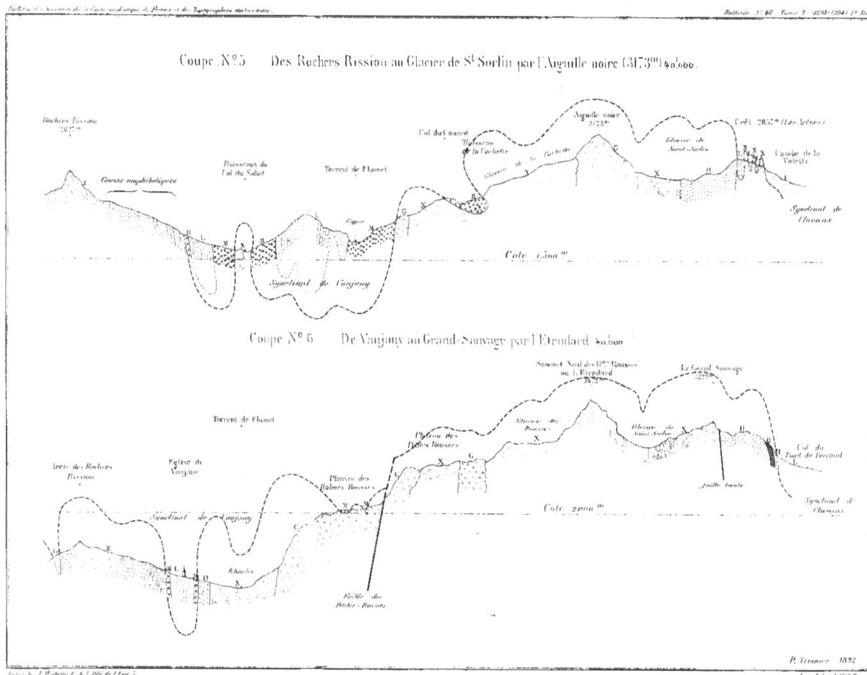
Coupe N° 5 Des Rochers Rission au Glacier de St Sorlin par l'Aiguille noire (3173m) 1/40.000.
Rochers Rission
Gneiss amphiboliques
Ruisseau du Col du Sabot
Torrent de Flumet
Col du Couard
Ruisseau de la Cochette
Glacier de la Cochette
Aiguille noire 3173m
Glacier de Saint-Sorlin
Crêt 2857m (Les Arêtes)
Combe de la Valette
Synclinal de Clavans
Cote 1500m
Synclinal de Vaujany
Coupe N° 6 De Vaujany au Grand-Sauvage par l'Etendard 1/40.000
Sommet Nord des Gdes Rousses ou l'Etendard
Le Grand Sauvage
Torrent de Flumet
Plateau des Petites Rousses
Glacier des Rousses
Glacier de Saint-Sorlin
Col du Pont du Ferrand
Arête des Rochers Rission
Eglise de Vaujany
Plateau des Balmes Rousses
Faille limite
Cote 2000m
Synclinal de Clavans
Synclinal de Vaujany
Eboulis
Faille des Petites Rousses
P. Termier 1892

Rousses
iane

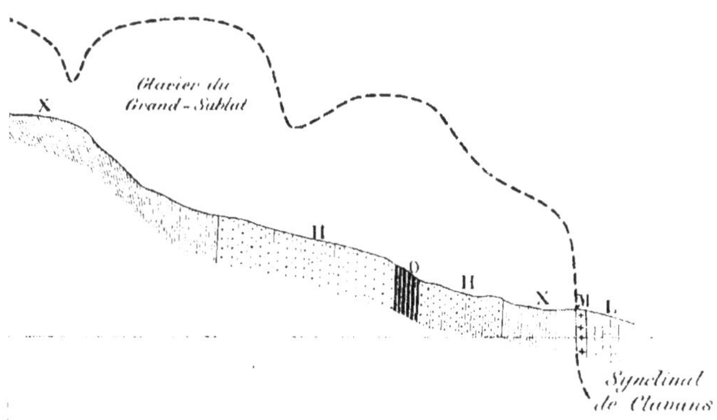


rpie $\frac{1}{40.000}$

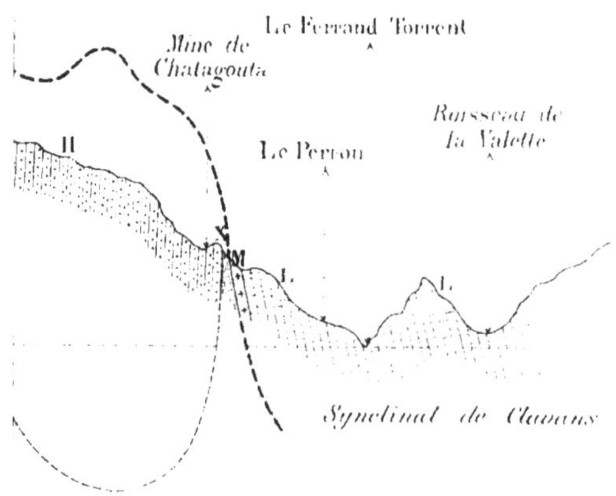


P. Termier. 1892

Imp. Erhard F^res Paris.

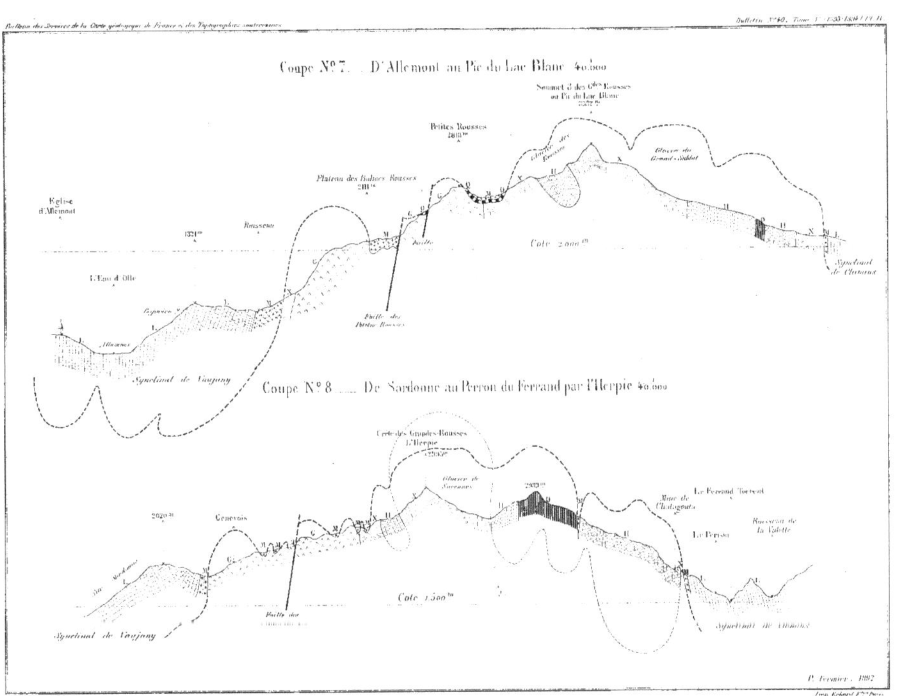
Coupe N° 7. — D'Allemont au Pic du Lac Blanc
Sommet 3 des Gdes Rousses ou Pic du Lac Blanc
Petites Rousses
Plateau des Bâtons Rousses
Eglise d'Allemont
Rousseau
L'Eau d'Olle
Allemont
Synclinal de Vaujany
Faille des Petites Rousses
Faille
Cote 2000m
Glacier du Grand-Sabbat
Synclinal de Clavans
Coupe N° 8 — De Sardonne au Perron du Ferrand par l'Herpie
Crête des Grandes-Rousses l'Herpie
Glacier de Sarennes
Genevois
Le Ferrand Torrent
Le Perron
Ruisseau de la Valette
Cote 1500m
Faille des
Synclinal de Vaujany
P. Termier, 1892

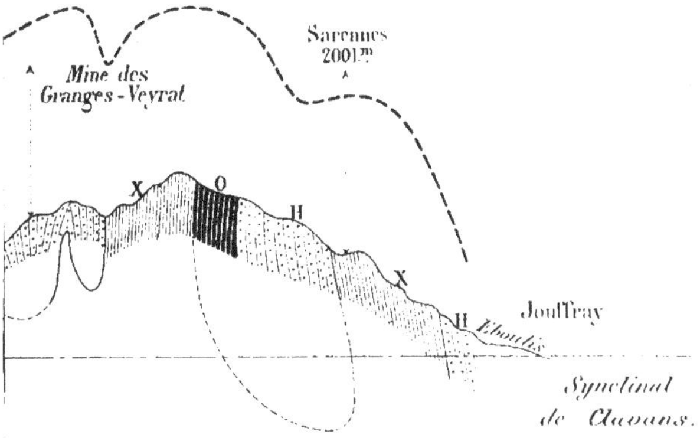

Mine des Granges-Veyrat

Sarennes 2001m

X

O

H

X

H

Jouffray

Éboulis

Synclinal de Clavans.

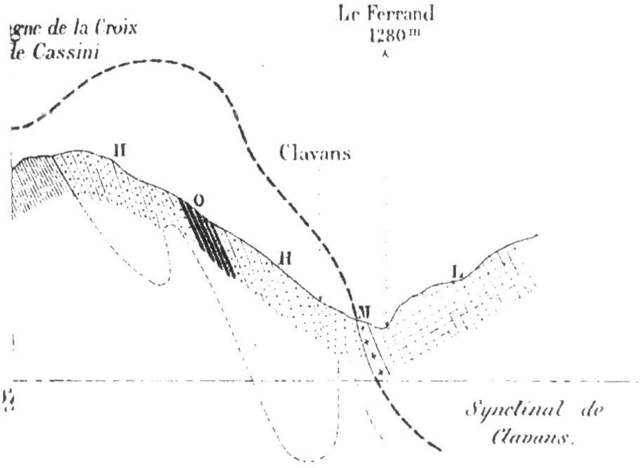

gne de la Croix le Cassini

Le Ferrand 1280m

H

Clavans

O

H

L

M

Synclinal de Clavans.

P. Termier. 1892

Gren                Imp. Erhard Fres Paris

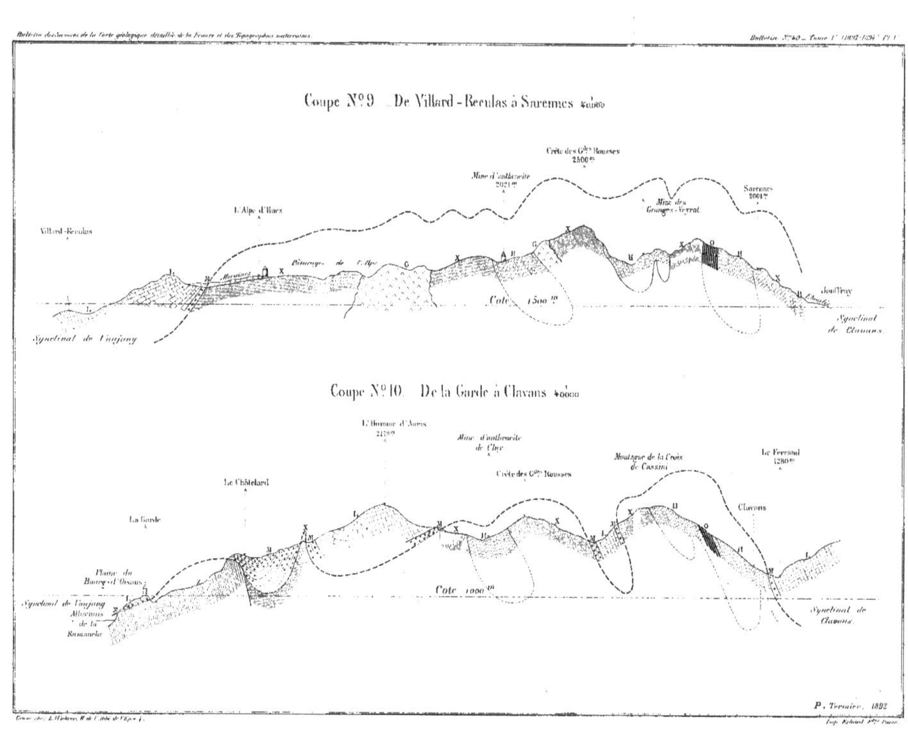
Coupe N° 9 De Villard-Reculas à Saremes 1/40.000
Crête des Gdes Rousses 2500m
Mine d'anthracite 2021m
L'Alpe d'Huez
Villard-Reculas
Saremes 2001m
Mine des Granges-Veyrat
Jouffrey
Cote 1500m
Synclinal de Vaujany
Synclinal de Clavans
Coupe N° 10 De la Garde à Clavans 1/40.000
L'Homme d'Auris
Mine d'anthracite de Clot
Crête des Gdes Rousses
Montagne de la Croix de Cassini
Le Ferrand 1280m
Le Châtelard
La Garde
Clavans
Plaine du Bourg-d'Oisans
Synclinal de Vaujany
Alluvions de la Romanche
Cote 1000m
Synclinal de Clavans
P. Termier, 1892

# CARTE GÉOLOGIQUE DU MASSIF DES GRANDES ROUSSES

Bulletin des Services de la Carte Géologique de France et des Topographies souterraines — Échelle : 1/80.000 — Bulletin N° 40 Tome VI (1894-1895) Pl. VI

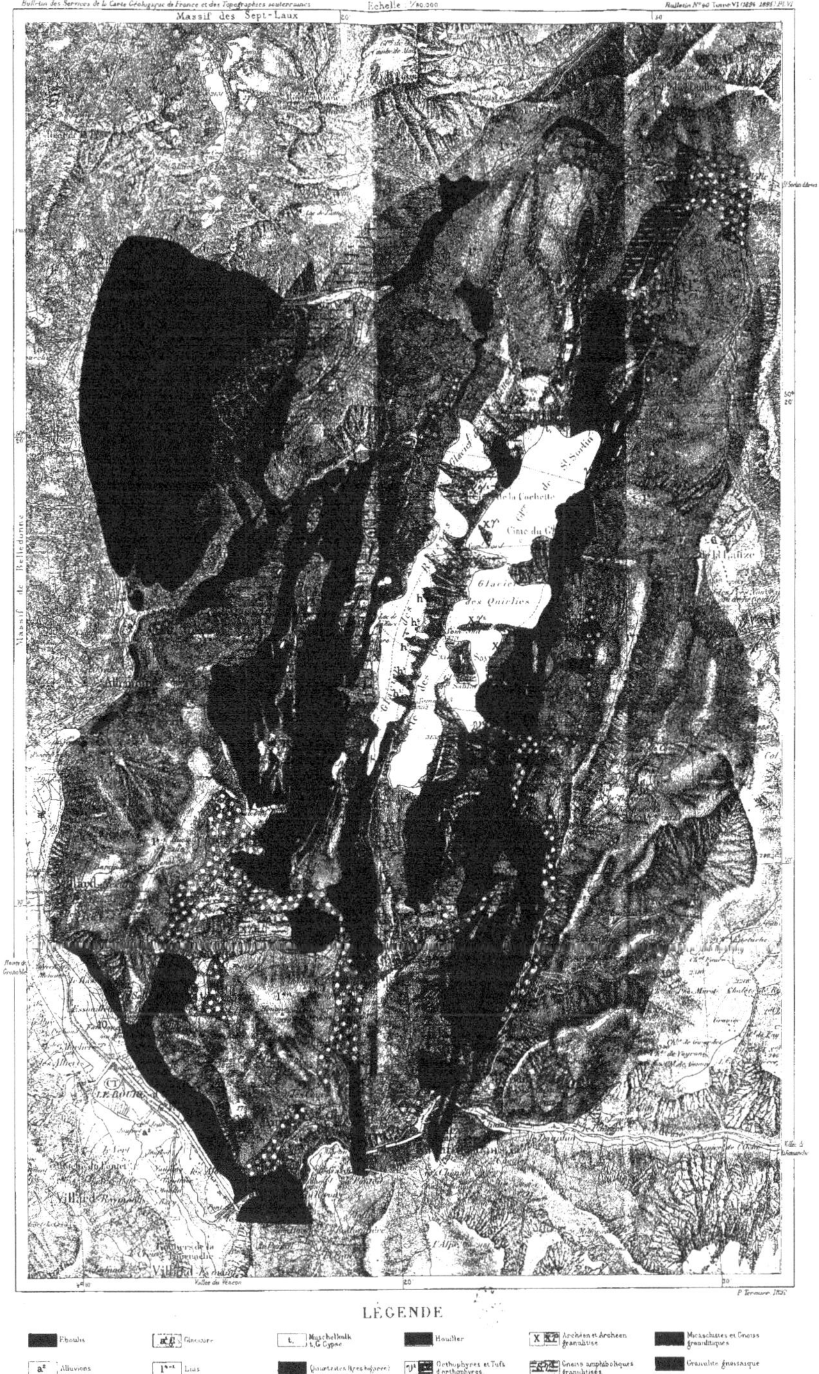


P. Termier 1896

## LÉGENDE

Éboulis — Glaciaire — t. Muschelkalk, t. G Gypse — Houiller — X Archéen et Archéen granulitisé — Micaschistes et Gneiss granulitiques

$a^2$ Alluvions — $l^{4-1}$ Lias — Quartzites (grès bigarré) — Orthophyres et Tufs d'orthophyres — Gneiss amphiboliques granulitisés — Granulite gneissique

Plongement de couches — Couches verticales — Tourbe — 6 Lignes de Coupes — Faille — Granulite, $\gamma^1$X Granulite impure

*1. Orthose ou Anorthose — 2. Mica noir altéré — 3. Zircon*

*1. Quartz — 2. Anorthose — 3. Oligoclase — 4. Mica noir*
*5. Apatite — 6. Zircon*

www.ingramcontent.com/pod-product-compliance
Ingram Content Group UK Ltd.
Pitfield, Milton Keynes, MK11 3LW, UK
UKHW021052260726
13994UKWH00002B/516

9 782329 372013